Band 20 · April 1984 **4**

isotopenpraxis

AKADEMIE-VERLAG

ISSN 0021–1915 Isotopenpraxis, Berlin **20** (1984) 4, 117–160

EVP 9,– M

An unsere Autoren

Die Zeitschrift veröffentlicht Beiträge zu folgenden Themen: Kontrolle und Analyse radioaktiver und stabiler Isotope, Anwendung radioaktiver und stabiler Isotope in allen Gebieten der Forschung und Technik, der Industrie, Landwirtschaft und Medizin, Herstellung radioaktiver und stabiler Isotope sowie von markierten Verbindungen, kernelektronische Geräte für die Isotopenanwendung (Dickenmesser, Dichtemesser u. ä.) Detektoren für isotopentechnische Arbeiten und den Strahlenschutz in Isotopenlaboratorien, Meßtechnik und Strahlenschutz, Dosimetrie in Isotopenlaboratorien, kerntechnische Geräte für die Isotopenanwendung (Beton, Bestrahlungsanlagen u. ä.), Strahlenchemie, Radiochemie, ökonomische und perspektivische Fragen, Fragen der Weiterbildung.

1. Aufnahme von Manuskripten

Zur Veröffentlichung angenommen werden nur druckreife, noch nicht anderweitig publizierte Beiträge in deutscher, englischer oder russischer Sprache zum Themenbereich der Zeitschrift und zwar

Originalarbeiten
Kurze Mitteilungen
Aus der Praxis
Zusammenfassende Berichte
Tagungsberichte
Informationen.

Sind der Beitrag oder Teile daraus bereits veröffentlicht oder ist eine anderweitige Veröffentlichung vorgesehen, so muß dies der Redaktion mit genauer Angabe der Zweitveröffentlichung mitgeteilt werden. Mit der Annahme des Manuskriptes behält sich der Verlag das Recht der Vervielfältigung, Verbreitung und Übersetzung innerhalb der gesetzlichen Schutzfrist vor. Auszugsweiser Nachdruck oder photomechanische u. a. Wiedergabe sind an eine schriftliche Genehmigung des Verlages gebunden. Manuskripte, Zeichnungen und Photos von veröffentlichten Arbeiten werden nur auf den besonderen und bis zum Zeitpunkt der Veröffentlichung mitgeteilten Wunsch des Autors zurückgesandt.
Bei der unverlangten Einreichung von Manuskripten wird empfohlen, eine Befürwortung eines der Herausgeber oder Redaktionsausschußmitglieder beizufügen.
Manuskripte sind einzureichen bei der Redaktion, 1086 Berlin, Leipziger Str. 3–4.

2. Form der Manuskripte

Die Autoren werden gebeten:
2 Manuskripte, eines davon in Original-Maschinenschrift, einseitig und mit 2zeiligem Abstand einzureichen; gut leserliche Photokopien sind zulässig; auf dem 1. Blatt (unter Weglassung der Bezeichnung)
den Titel der Arbeit
Vorname-Initialen und Namen sämtlicher Autoren
gegebenenfalls die Institution, in der sie tätig sind
eine kurze Zusammenfassung der Arbeit von höchstens 15 Zeilen
Keywords in alphabetischer Reihenfolge und
als Fußnote die Anschrift der Institution anzugeben;
wenn möglich, auf gesonderten Blättern Namen, Titel der Arbeit und Zusammenfassung in den beiden anderen obengenannten Sprachen 2fach beizufügen;
Literaturhinweise (fortlaufend numeriert), Fußnoten, Tabellen, Abbildungen (in 2–3facher Veröffentlichungsgröße), Abbildungsunterschriften (getrennt von den Abbildungen mit Zeichenerklärungen, Quellenangaben, falls erforderlich, und gegebenenfalls mit einem Vermerk für besondere Wünsche bezüglich der Abbildungsgröße), private und Dienstanschrift der Verfasser mit akademischen Titeln und ausgeschriebenen Vornamen auf besonderen Blättern ans Ende des Manuskriptes zu stellen;
Wünsche für den Kolumnentitel (Seitenüberschrift) bekanntzugeben;
Absätze durch Einzüge von mindestens 3 Anschlägen kenntlich zu machen;
die Maßeinheiten des SI-Systems („Systeme International") zu verwenden;
Korrekturen im Manuskript unmittelbar an der zu korrigierenden Stelle anzubringen;
Formeln deutlich lesbar und möglichst groß einzutragen;
Farbabbildungen und nachträgliche Änderungen oder Ergänzungen in Abbildungen zu vermeiden;
hervorzuhebende Textstellen zu unterstreichen, und zwar halbfetten Satz mit einer geraden schwarzen Linie, kursiven Satz (Schrägschrift) mit einer blauen Wellenlinie (alle Eigennamen). Sperrungen gestrichelt;
besondere Buchstaben durch farbige Unterstreichung zu kennzeichnen, und zwar Formelzeichen in

Griechisch-Kursiv (α, β, ...) rot,
Kursiv (A, B, ...) blau
halbfetter Kursiv ($\boldsymbol{A}$, $\boldsymbol{B}$, ...) 2 Linien blau (Vektoren),
halbfetter Grotesk (**A**, **B**, ...) 2 Linien violett (Tensoren);

bei Literaturangaben auf Vollständigkeit zu achten. In nachstehender Reihenfolge müssen angegeben sein:

a) bei *Zeitschriften*: Vorname-Initialen und Namen sämtlicher Autoren, Titel der Zeitschrift (nach „Periodica Chimica" oder möglichst wenig gekürzt), Bandnummer (unterstrichen), Jahreszahl (in Klammern), Heftnummer (nur bei Zeitschriften, die jedes Heft mit S. 1 beginnen) sowie die Seitenzahl, auf der die zitierte Arbeit beginnt.

b) bei *Büchern*: Initialen der Vornamen und Name des Autors (Herausgeber werden durch den Zusatz „ed." gekennzeichnet), voll ausgeschriebener Titel des Buches in der Originalsprache, evtl. Bandnummer, voll ausgeschriebener Name des Verlages, Nummer der Auflage (außer der ersten), Erscheinungsort(e), Erscheinungsjahr (hier nicht in Klammern setzen!) und evtl. Kapitelnummer, Seitenzahl u. ä.

c) bei *Sammelbänden, Tagungsberichten*: Es soll zusätzlich der Titel des zitierten Beitrags angegeben werden. Die Seitenzahl muß unbedingt angegeben werden. Aus dem Zitat muß hervorgehen, ob es sich um einen Tagungssammelband oder um einen noch nicht veröffentlichten Vortrag handelt. Zwischen Tagungsort und Erscheinungsort des entsprechenden Tagungsberichts ist zu unterscheiden.

3. Korrekturen

Der Autor erhält zwei Umbruchabzüge, von denen einer möglichst schnell korrigiert an die Redaktion zurückgereicht werden soll. Auf Wunsch des Autors kann die Korrektur auch von der Redaktion gelesen werden.

Durch nachträgliche Manuskriptänderungen verursachte Korrekturkosten gehen, sofern sie 10% der Satzkosten übersteigen, zu Lasten des Autors.

Der Autor erhält 50 Sonderdrucke kostenlos. Weitere Sonderdrucke können bis zur Rückgabe der Korrekturabzüge auf Kosten des Autors bei der Redaktion bestellt werden.

Bezugsmöglichkeiten

Bestellungen sind zu richten

- **in der DDR** an den Postzeitungsvertrieb unter Angabe der Kundennummer des Bestellenden oder an den AKADEMIE-VERLAG, DDR-1086 Berlin, Leipziger Straße 3–4, PF-Nr. 1233;
- **im sozialistischen Ausland** an eine Buchhandlung für fremdsprachige Literatur oder an den zuständigen Postzeitungsvertrieb;
- **in der BRD und Berlin(West)** an eine Buchhandlung oder an die Auslieferungsstelle KUNST UND WISSEN, Erich Bieber OHG, Wilhelmstraße 4–6, D-7000 Stuttgart 1;
- **in den übrigen westeuropäischen Ländern** an eine Buchhandlung oder an die Auslieferungsstelle KUNST UND WISSEN, Erich Bieber GmbH, Dufourstraße 51, CH-8008 Zürich;
- **im übrigen Ausland** an den Internationalen Buch- und Zeitschriftenhandel; den Buchexport, Volkseigener Außenhandelsbetrieb der Deutschen Demokratischen Republik, DDR-7010 Leipzig, Postfach 160; oder an den AKADEMIE-VERLAG, DDR-1086 Berlin, Leipziger Straße 3–4.

Zeitschrift „Isotopenpraxis"

Herausgeber: Im Auftrag des Akademie-Verlages herausgegeben von Prof. Dr. Justus Mühlenpfordt
Verlag: Akademie-Verlag, DDR-1086 Berlin, Leipziger Straße 3–4, PF-Nr. 1233; Fernruf: 2236229; Telex-Nr.:. 114420;
Bank: Staatsbank der DDR, Berlin, Kto.-Nr.: 6836-26-20712
Verantwortlich für den Inhalt des Heftes: Prof. Dr. H. Hübner, Leipzig
Anschrift der Redaktion (Fernruf Frau H. Schier: 6351177) der Zeitschrift Isotopenpraxis: Akademie-Verlag, DDR-1086 Berlin, Leipziger Str. 3–4, PF-Nr. 1233
Veröffentlicht unter der Lizenznummer 1527 des Presseamtes beim Vorsitzenden des Ministerrates der Deutschen Demokratischen Republik
Gesamtherstellung: VEB Druckerei „Thomas Müntzer", DDR-5820 Bad Langensalza
Erscheinungsweise: Die Zeitschrift „Isotopenpraxis" erscheint monatlich. Die 12 Hefte eines Jahrganges bilden einen Band. Bezugspreis je Band 216,– M zuzüglich Versandspesen (Preis für die DDR 108,– M). Preis je Heft 18,– (Preis für die DDR 9,– M)
Bestellnummer dieses Heftes: 1079/20/4

AN (EDV) 12831

in memoriam

KURT SCHWABE

29. 5. 1905 – 4. 12. 1983

Prof. (em) Dr.-Ing. habil. Dr. rer. nat. h.c. mult. *Kurt Schwabe*, ein in vielfacher Weise außergewöhnlicher Mensch, ist nicht mehr. Der Kreis der um ihn Trauernden ist groß, denn sein Wirkungsbereich hatte sogar noch im Rentenalter unüblich weitgefächerte Dimensionen.

Von 1949 bis 1970 ordentlicher Professor für Physikalische Chemie und Elektrochemie an der Technischen Hochschule Dresden, die unter seinem Rektorat den Status einer Technischen Universität erhielt und nach den modernen Anforderungen an die Natur- und Technikwissenschaften profiliert wurde, bildete er mehrere hundert Diplomanden und Doktoranden aus. Viele seiner ehemaligen Schüler sind heute in verantwortungsvollen Positionen an Universitäten, Akademie-Instituten und Industriebetrieben tätig in dem Bemühen, nach dem Vorbild ihres Lehrers zu wirken und sich seiner würdig zu erweisen.

Kurt Schwabe vertrat sein Wissenschaftsgebiet mit bemerkenswerter Vielseitigkeit. So setzte er die auf *Fritz Foerster* und *Erich Müller* zurückgehenden Traditionen auf dem Gebiet der Elektrochemie sehr erfolgreich fort, wobei seine Beiträge zur elektrochemischen Analysenmeßtechnik einschließlich ihrer Nutzbarmachung für praktische Belange, die Entwicklungsarbeiten für elektrochemische Stromquellen sowie die Grundlagenuntersuchungen zur Thermodynamik elektrochemischer Systeme mit bevorzugter Behandlung des Verhaltens von Elektrolytlösungen besonders hervorzuheben sind. Ein weiterer Themenkomplex, dem sich Kurt Schwabe seit seiner Ausbildung bei Erich Müller mit Akribie verschrieben hatte, war die Korrosion und Passivität der Metalle. Dafür setzte er bereits 1933 mit seiner Habilitationsschrift „Über das anodische Verhalten der Metalle in gesättigten Lösungen ihrer Salze“ wesentliche Akzente. Bedeutsame Ergebnisse aus seiner Schule, wie die Beiträge zum Mechanismus der Bildung von Passivschichten auf Metallen unter Mitwirkung von Bestandteilen des angrenzenden Elektrolyten, die Charakterisierung verschiedenartiger Elektrodensysteme, die Entwicklung spezieller Meßgeräte, wie beispielsweise eines Potentiostaten mit elektronischer Unterbrechereinheit zur Erfassung des *Ohm*schen Spannungsabfalls an Elektroden mit Deckschicht oder in Medien niedriger Leitfähigkeit, haben in dieser Habilitationsschrift ihren Ursprung.

Es verdient überdies erwähnt zu werden, daß Kurt Schwabe allem Neuen äußerst aufgeschlossen gegenüberstand und stets um seine Nutzung und Förderung bemüht war. So griff er beispielsweise schon in den fünfziger Jahren die Massen- und Kernresonanzspektrometrie sowie die radiochemischen Verfahren auf und komplettierte damit die bis dahin vorzugsweise aus elektrochemischen Methoden bestehende Experimentaltechnik seines Instituts. Der dafür erforderliche finanzielle Aufwand hielt sich schon deshalb immer in vertretbaren Grenzen, weil fast alle Geräte in den eigenen Werkstätten hergestellt wurden und es Kurt Schwabe vortrefflich verstand, seine Mitarbeiter zum engagierten Handeln zu begeistern. Er wirkte durch sein Vorbild. Für ihn war wissenschaftliche Arbeit höchstes Lebensbedürfnis und er scheute sich auch nicht, die dafür erforderlichen organisatorischen Belange selbst zu bewältigen. Rund 16 Stunden betrug seine tägliche Arbeitszeit und er nutzte sie effektiv. Zu denen, „die mit ihm zogen“, war er gütig und war ihnen ein väterlicher Ratgeber. Mit denen, die „ihm durch leeres Geschwätz nur Zeit rauben wollten“

oder übernommene Aufgaben lustlos und unpünktlich zu erfüllen versuchten, war er unerbittlich.

Einen Großteil seiner Zeit widmete Kurt Schwabe dem Literaturstudium, wodurch es ihm stets möglich war, Ansichten und Urteile auch über sein eigenes Fachgebiet hinaus fundiert zu äußern und Forschungskonzeptionen mit klarer Zielstellung zu entwickeln. Damit war er auch in der Lage, verantwortungsvolle Aufgaben und Ämter mit der ihm eigenen Gründlichkeit zu bewältigen.

So war er seit 1959 auch stellvertretender Direktor des Zentralinstituts für Kernforschung Rossendorf und Leiter des Bereichs Radiochemie. Zur gleichen Zeit fungierte er neben seiner Tätigkeit als Hochschullehrer noch als Direktor des Forschungsinstituts Meinsberg und der von ihm gegründeten Zentralstelle für Korrosionsschutz Dresden, außerdem arbeitete er im Forschungsrat der DDR, im Vorstand der Kammer der Technik sowie in mehreren nationalen und internationalen Wissenschaftsgremien aktiv mit.

In den mehr als zehn Jahren seiner Mitwirkung im ZfK Rossendorf wurden im Bereich Radiochemie vor allem die Produktion radioaktiver Isotope, die Synthesen markierter Präparate sowie die Nuklearanalytik einschließlich ihrer praktischen Nutzung zu hoher Perfektion entwickelt. Dabei verstand es Kurt Schwabe ausgezeichnet, mit diesen Arbeiten gleichzeitig zahlreiche wissenschaftliche Kader auszubilden, die später in anderen Forschungseinrichtungen und der Industrie unseres Landes den Methoden der Kern- und Radiochemie zum Durchbruch verhalfen.

Kurt Schwabe war schließlich sehr um die Entwicklung einer DDR-eigenen Fachliteratur bemüht und gehörte deshalb zu den Herausgebern mehrerer Fachzeitschriften. So war er auch seit Gründung der ISOTOPENPRAXIS Mitglied ihres Kuratoriums. Durch vielfältige Anregungen für ihre inhaltliche Gestaltung sowie durch eigene Beiträge förderte er unsere Zeitschrift wesentlich. Akademie-Verlag und Redaktion werden seiner daher stets in Dankbarkeit gedenken.

G. Reinhard

Eingegangen am 20. 12. 1983

Isotopenpraxis 20 (1984) 4, S. 119 bis 126

Zu Stand und Entwicklungstendenzen der radiometrischen Flächenmassemeßtechnik

(Fortschrittsbericht)

R. Bernhardt

(VEB Robotron-Meßelektronik „Otto Schön" Dresden)[1])

Ein traditionelles Anwendungsgebiet für Radionuklide ist die Flächenmassebestimmung nach dem Durchstrahl- und Rückstreuverfahren. Merkliche Fortschritte bei der Weiterentwicklung radiometrischer Flächenmassemeßgeräte wurden und werden vor allem durch die Anwendung der Mikroelektronik erzielt. Mit Hilfe von Mikrorechnern konnte einerseits das Hauptproblem der Meßwertverarbeitung — die Ermittlung des Flächenmassemeßwertes aus dem Detektorsignal bei nichtlinearer Kalibrierfunktion — befriedigend gelöst und andererseits der Gerätekomfort erheblich gesteigert werden.

One traditional use of radionuclides is unit area weight determination to the transmission and the backscattering methods. Noticeable progress in advancement of radiometric unit area weight measuring techniques has been and is being made above all thanks to the application of microelectronics. The use of microcomputers rendered possible the solution of the main problem of data processing — the determination of the unit area weight value from the detector signal with nonlinear calibration functions — as well as considerable increase of the efficiency of measuring systems.

Keywords

industry; isotope applications; radiometric gages; thickness gages

1. Einführung

Seit einigen Jahrzehnten bewähren sich radiometrische Meßgeräte für die Bestimmung der Flächenmasse bzw. Materialdicke- und Dichte bei der Lösung industrieller Meßaufgaben. Das betrifft vor allem den Einsatz an Produktionsanlagen für Bandmaterialien, wo solche Geräte zur kontinuierlichen Fertigungskontrolle und darüber hinaus als Regelsignalgeber im Rahmen der Prozeßautomatisierung eingesetzt werden.

Die Entwicklung der radiometrischen Flächenmassemeßtechnik nahm in den fünfziger Jahren einen deutlichen Aufschwung, als es möglich geworden war, mit Hilfe von Kernreaktoren geeignete Radionuklide preiswert zu erzeugen. Als verwendbare Strahlungsquelle stand vorher nur die Röntgenröhre zur Verfügung, deren damaliger Entwicklungsstand das Vordringen radiometrischer Meßeinrichtungen in die Industrie nicht zuließ. Ihre bis heute wachsende Verbreitung verdanken Flächenmasse- bzw. Dickenmeßeinrichtungen auf radiometrischer Basis vor allem der Erfüllung zweier Forderungen, denen gemeinsam kein konkurrierendes Meßverfahren genügt: Es ist weder eine Berührung des Meßgutes erforderlich noch sind radiometrische Verfahren an eine bestimmte Materialeigenschaft (wie z. B. Leitfähigkeit, Dielektrizität) gebunden.

Die Möglichkeit zur berührungsfreien Messung ist in den meisten Fällen eine Voraussetzung für den Geräteeinsatz bei laufender Fertigung. Die Unabhängigkeit von Materialeigenschaften erlaubt es, radiometrische Meßverfahren für Meßgüter unterschiedlichster Art einzusetzen, woraus vielfältige Anwendungsmöglichkeiten vor allem in der Metall-, Plast-, Papier- und Textilindustrie resultieren. An Produktivitätssteigerungen, Materialeinsparungen sowie Verbesserungen der Halbzeugqualität, die in diesen und anderen Industriezweigen durch Automatisierung von Regelungsprozessen und Einengung der Fertigungstoleranzen erzielt werden, haben radiometrische Meß- und Regelanlagen einen maßgeblichen, nachweisbaren Anteil [1–5]. Tab. 1 enthält die wichtigsten Anwendungsbereiche und Meßaufgaben. Zusammenfassende Darstellungen zum Gebiet der radiometrischen Flächenmassemeßtechnik finden sich in [6–14].

2. Meßprinzipien

Zur Darstellung des Entwicklungsstandes der radiometrischen Flächenmassemeßtechnik ist es zweckmäßig, zunächst ausgehend von den Meßprinzipien die bei der Entwicklung praktischer Geräteausführungen zu lösenden technischen Aufgaben zu erläutern.

Radiometrische Messungen der Flächenmasse können nach dem Durchstrahl- oder dem Rückstreuverfahren durchgeführt werden. Bei dem am häufigsten angewendeten Durchstrahlverfahren sind Strahlungsquelle und -detektor zu beiden Seiten des Meßgutes angeordnet. Die Schwächung der ionisierenden Strahlung durch Absorption und Streuung im Meßgut ist ein Maß für die durchstrahlte Flächenmasse. Beim Rückstreuverfahren befinden sich Strahlungsquelle- und -detektor auf einer Seite des Meßgutes. Vom Meßsignal, das von der in den rückwärtigen Halbraum gestreuten Strahlung erzeugt wird, ist auf die Flächenmasse zu schließen. Das Rückstreuverfahren wendet man an, wenn eine der beiden Meßgutseiten aus Platzgründen nicht zugänglich ist oder die Flächenmasse von Aufträgen auf einer Unterlage bestimmt werden muß. Zwischen der Flächenmasse s und der Materialdicke d besteht der Zusammenhang $s = \varrho d$; bei konstanter Dichte ϱ können diese Meßverfahren daher auch zur Bestimmung der Materialdicke eingesetzt werden und bei konstanter Dicke zur Bestimmung der Dichte.

[1]) Anschrift: 8012 Dresden, PSF 211

Tab. 1. Hauptsächliche Anwendungsbereiche und Meßaufgaben für Flächenmassemeßgeräte

Industriezweig	Meßgut	Meßgröße
Metall-industrie	Bleche aus Reinmetall und Legierungen Auftragsschichten (Plast- und Lackaufträge, galvanische Überzüge) Rohrwandungen	Dicke
Plast- und Gummi-industrie	Plastfolien und -tafeln (auch beschichtet) Gummibahnen (auch Schaumgummibahnen)	Dicke + Flächen-masse
	Plastrohrwandungen	Dicke
	Reifengummibahnen (mit Textil- und Stahleinlage)	
Textil-industrie	textile Gewebe (auch beschichtet und imprägniert) Nadelfilz	Flächen-masse
Holzindustrie u. Papier-industrie	Faser- und Spanplatten Spänekuchen Papierbahnen Pappe (auch Dachpappe)	
	metallbeschichtetes Papier	Dicke
Glas- und Baustoff-industrie	Flachglas	
	Glaswolle Glaserfaservlies Mineralwolle Bitumenfolie	Flächen-masse
Chem. und keram. Indu-trie	Flüssigkeiten (u. a. Säuren) Suspensionen	Dichte

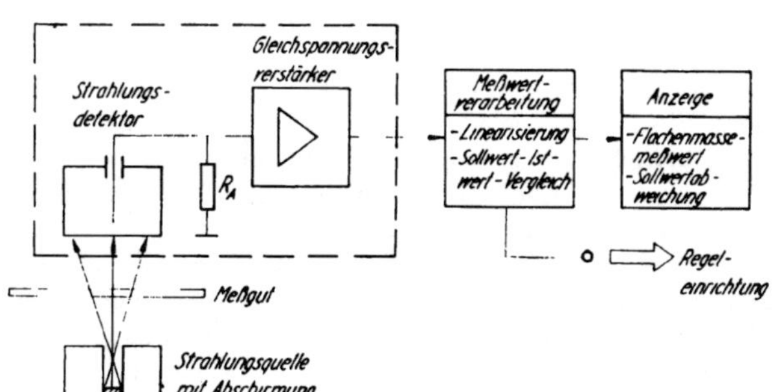

Abb. 1. Zum Prinzip der radiometrischen Flächenmassebestimmung (Durchstrahlmessung)

Die wesentlichen, bei der radiometrischen Flächenmassebestimmung zu lösenden Aufgaben gehen aus Abb. 1 hervor. Bevor eine Signalverarbeitung erfolgen kann, ist das Detektorsignal, das im allgemeinen als Gleichspannung über einem Arbeitswiderstand R_A abfällt, zu verstärken. Strahlungsdetektor und Gleichspannungsverstärker werden bei praktischen Geräteausführungen zu einer Funktionseinheit zusammengefaßt. Im Falle der Rückstreumessung enthält diese Einheit zusätzlich die Strahlungsquelle. Zwischen dem Meßsignal und der Flächenmasse besteht ein nichtlinearer Zusammenhang (s. Abb. 2), der bei der Kalibrierung der Meßeinrichtung experimentell zu ermitteln ist. Im Rahmen der Meßwertverarbeitung sind den Spannungswerten die entsprechenden Flächenmassewerte zuzuordnen. Es hat sich eingebürgert, in diesem Zusammenhang von der „Linearisierung der Kalibrierfunktion" zu sprechen. Im letzten Schritt erfolgt die Anzeige des Flächenmassemeßwertes. Bei Ausgabe eines Regelsignals bzw. Anzeige der Abweichung von einem vorgegebenen Sollwert ist im Anschluß an die Linearisierung ein Sollwert-Istwert-Vergleich durchzuführen.

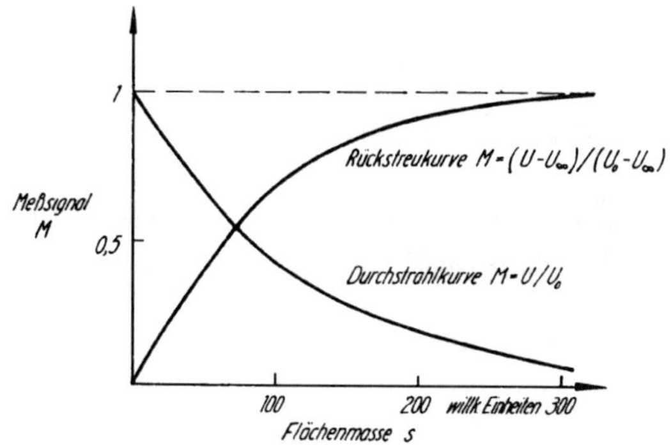

Abb. 2. Typische Verläufe der Kalibrierfunktionen für Durchstrahl- und Rückstreumessung

Auf Grund verschiedener Einflüsse, vor allem infolge Abnahme der Quellenaktivität durch den Kernzerfall, ändern sich zeitlich die einer bestimmten Flächenmasse entsprechenden Spannungswerte, so daß die der Linearisierung zugrunde gelegte Kalibrierfunktion nicht mehr den vorliegenden Meßbedingungen genügt. Radiometrische Flächenmassemeßgeräte sind demzufolge in bestimmten Zeitabständen zu justieren. Dabei läßt sich eine Neukalibrierung umgehen, wenn als Meßsignal M, das bei der Kalibrierung in Abhängigkeit von der Flächenmasse zu ermitteln ist, normierte Spannungswerte gewählt werden. Beim Durchstrahlverfahren bezieht man die Meßspannung U auf den Volleinstrahlungswert U_0 für die Flächenmasse $s = 0$: $M = U/U_0$. Bei Anwendung des Rückstreuverfahrens ist die Normierung $M = (U - U_\infty)/(U_0 - U_\infty)$ zweckmäßig. Die Spannung U_∞ stellt sich bei der Rückstreumessung als Sättigungswert mit wachsender Flächenmasse ein. Die Kalibrierfunktionen mit der unabhängigen Variablen M sind bei proportionaler Verstärkung unabhängig von den absoluten Spannungswerten. Im Rahmen der Justierung sind nach Korrektur des Verstärkernullpunkts demnach lediglich die Bezugsspannungswerte neu zu bestimmen.

Bei der Rückstreumessung ist die Spannung U_0 für $s = 0$ entweder größer oder kleiner als U_∞, je nachdem, ob die effektive Ordnungszahl des Materials der Unterlage größer oder kleiner als die effektive Ordnungszahl des Meßgutmaterials ist. Der typische Verlauf der Kalibrierfunktionen für die Durchstrahl- und Rückstreumessung ist Abb. 2 zu entnehmen.

Ausschlaggebend für den Meßbereich einer radiometrischen Flächenmassemeßeinrichtung ist in erster Linie die Durchdringungsfähigkeit der eingesetzten Strahlung, die von der Strahlungsart, der Strahlungsenergie (bzw. dem Energiespektrum) und der effektiven Ordnungszahl des Meßgutmaterials abhängt. In der industriellen Flächenmassemeßtechnik werden für die unteren Meßbereiche vorrangig Betastrahlung, für größere Flächenmassen Quantenstrahlung angewendet. Maßgebend für die Fehlerfortpflanzung vom Meßsignal M auf den Flächenmassemeßwert s und damit für den Meßbereich ist die physikalische Empfindlichkeit, deren grundlegende Bedeutung für die radiometrische Flächenmassemeßtechnik in [15–17] ausführlich erläutert wird. In Abb. 5 sind die sich für verschiedene Strahlungsenergien bei Durchstrahlmessung ergebenden Beträge der physikalischen Empfindlichkeit in Abhängigkeit von der Flächenmasse dargestellt. Der Meßbereich hängt bei willkürlich festgelegtem relativen Fehler für den Flächenmassemeßwert davon ab, mit welcher Genauigkeit das Signal M gemessen werden kann. Auf Grund des Abfalls der Kurven mit abnehmender und wachsender Flächenmasse besteht für Meßbereichserweiterungen durch Verringerung des Meßfehlers von M an den Meßbereichsgrenzen jedoch nur ein verhältnismäßig geringer Spielraum. Mit wachsender Strahlungsenergie und abnehmender effektiver Ordnungszahl des Meßgutmaterials verschieben sich die Meßbereichsgrenzen zu größeren Flächenmassewerten und der Meßbereich selbst erweitert sich. Der Ordnungszahleinfluß ist bei Quantenstrahlung stärker ausgeprägt als bei Anwendung von Betastrahlung.

Fehler des Meßsignals, die sich auf den Flächenmassemeßwert übertragen, lassen sich auf verschiedene Ursachen zurückführen. Durch die Art der Meßwertgewinnung bedingt, unterliegt das Detektorsignal statistischen Schwankungen. Sie können durch Tiefpaßfilter nur in begrenztem Umfang verringert werden, wobei ein Kompromiß zwischen statistischem Fehler und Zeitverhalten der Meßeinrichtung einzugehen ist. Bei Verwendung eines RC-Filters nimmt die relative Standardabweichung σ_u/U der gefilterten Meßspannung U zwar mit wachsender Zeitkonstante τ ab $[(\sigma_u/U) \sim (1/\sqrt{\tau})]$, dafür erhöht sich jedoch die Ansprechzeit auf sprunghafte Änderungen der Meßgröße. Die Schwankung σ_u/U bei gegebener Zeitkonstante hängt in erster Linie von der Intensität der in den Detektor eintretenden Strahlung ab. Darüber hinaus ergeben sich Fehler des Meßsignals durch Abweichung von den Kalibrierbedingungen. Ursachen dafür können sein:

- Driften von Bauelementeparametern (einschließlich Quellenaktivität und Detektorempfindlichkeit),
- Änderungen der Materialzusammensetzung des Meßgutes, der Meßgeometrie sowie der Luftdichte innerhalb der durchstrahlten Meßstrecke,
- Beläge auf Strahlenein- und austrittsfenstern sowie auf dem Meßgut infolge Verschmutzung, Betauung oder Ablagerung von Hilfsstoffen (z.B. Walzöl).

Einen indirekten Fehlereinfluß üben Änderungen der Umgebungstemperatur aus, die sich auf Parameterdriften, auf die Meßgeometrie und insbesondere auf die Luftdichte im Meßspalt auswirken.

In den Fehler des Flächenmassemeßwertes gehen neben dem Meßsignalfehler zusätzliche Fehler durch ungenaue Linearisierung und Kalibrierung ein. Die sich durch Abweichung von den Kalibrierbedingungen ergebenden Meßsignalfehler können durch periodische Justierung in dem genannten Umfang nur teilweise kompensiert werden. Auf die Maßnahmen zur Meßfehlerverringerung bei praktischen Geräteausführungen wird in den folgenden Abschnitten eingegangen.

Die relativen Meßsignalfehler nehmen mit abnehmenden Absolutwerten der Meßspannung zu. Bezogen auf gleiche Quellenaktivität (bzw. Primärstrahlungsintensität) werden bei Anwendung des Rückstreuverfahrens geringere Meßspannungen erreicht. Um auswertbare Signale zu erhalten, ist es insbesondere erforderlich, daß ein hinreichend großer Ordnungszahlunterschied zwischen Meßgut und Unterlage vorliegt. Bei geringen Unterschieden wird in möglichen Fällen daher für genauere Messungen abweichend vom Rückstreuprinzip die in der Unterlage oder dem Meßgut angeregte Röntgenfluoreszenzstrahlung genutzt. Die Röntgenfluoreszenzmethode wird vor allem bei der Dickenmessung von Zinn- und Zinkschichten auf Stahl mit Erfolg eingesetzt [18]. Bei der Zinnschichtdickenmessung wird die durch ^{241}Am-Strahlung angeregte K_α-Strahlung des Eisens, welche die aufgetragene Zinnschicht durchstrahlt, selektiv gemessen.

Bei einem neuartigen Verfahren, das die Vorteile von Durchstrahl- und Rückstreumessung zum Teil miteinander verbindet, wird Beta-Strahlung mit Hilfe eines Magnetfeldes so umgelenkt, daß sie nach zum Teil zweimaliger Durchdringung des Meßgutes in den auf der Strahlerseite angebrachten Detektor gelangt [19]. Der Nachteil der Rückstreumessung, besonders empfindlich gegen Änderungen der Meßgeometrie zu sein, dürfte jedoch auch diesem Verfahren anhaften.

3. Praktische Geräteausführungen

In der Praxis hat sich eine Aufteilung der Flächenmassemeßgeräte in Sonde und Zentrale als zweckmäßig erwiesen. Die Sonde umfaßt im wesentlichen die Strahlungsquelle, den Strahlungsdetektor und den Gleichspannungsverstärker, Gehäuse für diese Baugruppen sowie Haltevorrichtungen zur Gewährleistung einer bestimmten Meßgeometrie. Die Zentrale enthält alle für die Meßwertverarbeitung, Meßwertanzeige, Regelsignalausgabe und Bedienung erforderlichen Elemente. Mitunter ist die Bedieneinheit als von der Zentrale abgesetztes Gerät mit geringem Platzbedarf ausgeführt. Die Sonden sind an der Meßstelle auf Bewegungseinrichtungen montiert, durch die sie in die Meß- und Abgleichsposition gebracht werden können. Abb. 3 zeigt typische Gerätekonfigurationen.

3.1. *Sonden und Zubehör*

Der Strahlungsdetektor mit dem Gleichspannungsverstärker und die Strahlungsquelle mit Abschirmungen und

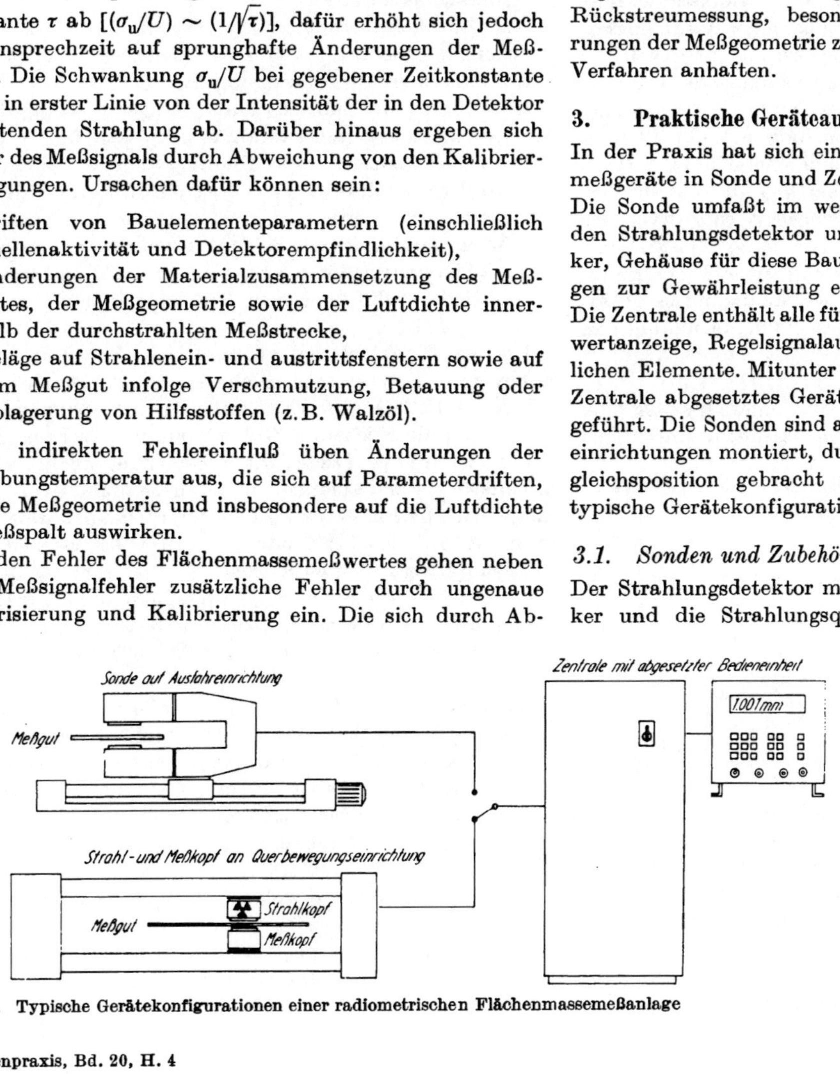

Abb. 3. Typische Gerätekonfigurationen einer radiometrischen Flächenmassemeßanlage

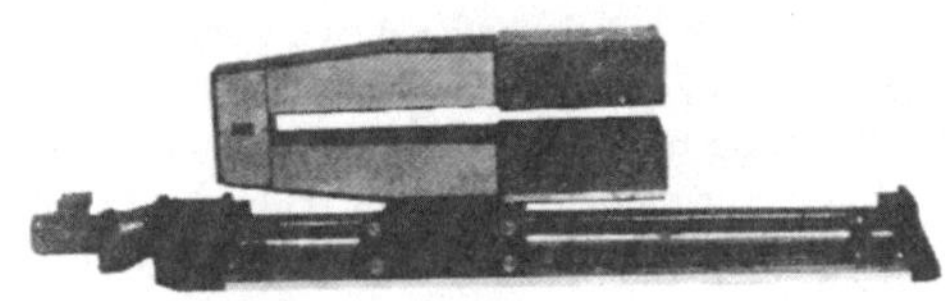

Abb. 4. Meß- und Strahlkopf an c-förmigem Bügel auf einer Bewegungseinrichtung

Kollimator werden jeweils durch ein Gehäuse zu einem Meß- bzw. Strahlkopf zusammengefaßt (s. Abb. 4). Bei der Rückstreumessung bilden Meß- und Strahlkopf eine Einheit. Stabilität und Dichtheit der Gehäuse entsprechen den Anforderungen an die industrielle Meßtechnik. Die innerhalb des Strahlkopfes abgeschirmte Strahlungsquelle besitzt einen Verschluß, der das Strahlenbündel nur bei der Messung freigibt und die Quelle beim Abschalten der Anlage automatisch abdeckt.

Zur Strahlungserzeugung werden neben Radionukliden auch Röntgenröhren benutzt [7]. Der weitaus größte Teil der Gerätehersteller setzt jedoch Radionuklidquellen ein. Ihr Hauptvorteil gegenüber der Röntgenröhre besteht in der längeren, zum Teil praktisch unbegrenzten Nutzungsdauer. Außerdem entfallen aufwendige Maßnahmen zur Stromversorgung und Stabilisierung der Strahlungsintensität. Wesentliche Vorteile des Einsatzes der Röntgenröhre bestehen darin, daß durch Änderung der Anodenspannung die Strahlungsenergie und damit der Meßbereich variiert werden kann und keine Strahlung ausgesendet wird, wenn die Meßanlage nicht in Betrieb ist. Nach und nach wurden jedoch immer mehr geeignete langlebige Radionuklidquellen mit definiertem Energiespektrum entwickelt, so daß heute praktisch jeder in Frage kommende Teilmeßbereich abgedeckt werden kann. Das heute zur Anwendung kommende Standardsortiment von Radionuklidquellen ist mit Halbwertszeiten und Strahlungsenergien in Tab. 2 zusammengestellt. Abb. 5 zeigt (bezogen auf Al) zur Verdeutlichung der Meßbereiche die zugehörigen Kurven der physikalischen Empfindlichkeit. Die letzte Meßbereichslücke wurde durch die Entwicklung einer Fluoreszenzstrahlungsquelle geschlossen [20], welche die durch ^{241}Am-Strahlung in einem Ce-Target angeregte K_α-Strahlung von 35 keV aussendet.

Tab. 2. Standardsortiment von Radionuklidquellen für die radiometrische Flächenmassemeßtechnik

Nuklid	Strahlungsart	Halbwertszeit/a	Energie/MeV
^{147}Pm	β	2,6	W_{max} 0,23
^{85}Kr	β	10,8	W_{max} 0,67
^{90}Sr	β	28,5	W_{max} 2,27
^{241}Am (Ce-Target)	Röntgenfluoreszenzstrahlung	433	0,035
^{141}Am	γ	433	0,059
^{137}Cs	γ	30	0,66
^{60}Co	γ	5,4	1,17; 1,33

Bei der Dickenmessung von Aluminiumfolie ist es vorteilhaft, statt Betastrahlung weiche Quantenstrahlung einzusetzen, durch die störende Walzölbeläge auf dem Meßgut sowie Luftdichteschwankungen auf Grund der stärkeren Ordnungszahlabhängigkeit des linearen Absorptionskoeffizienten nicht so stark bewertet werden. Die Einflußfehler lassen sich dadurch etwa auf 1/10 senken. Als Quantenstrahler werden in diesem Zusammenhang ^{241}Am-Fluoreszenzstrahlungsquellen mit Mo-Target (20 keV) eingesetzt [11].

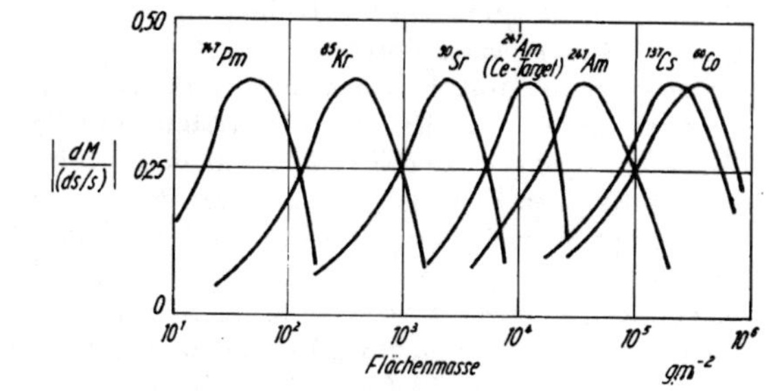

Abb. 5. Physikalische Empfindlichkeiten für Standardstrahler (bezogen auf Al)

Zur Variation des Meßbereiches müssen die Radionuklidquellen ausgewechselt werden. Um mit einer Strahlungsquelle einen größeren Meßbereich abdecken zu können, wurde vorgeschlagen, verschiedene Radionuklide, die Betastrahlung mit unterschiedlichem Energiespektrum aussenden, zu einer Strahlungsquelle zusammenzufassen [21] sowie ^{241}Am-Fluoreszenzstrahlungsquellen mit gemischten Ce-Mo-Targets einzusetzen [22]. Bei solchen kombinierten Quellen ergeben sich verbreiterte (jedoch flachere) Kurven der physikalischen Empfindlichkeit. Für die Fluoreszenzstrahlungsquellen erhält man bei einem bestimmten Ce-Mo-Verhältnis im Flächenmassebereich von $2 \cdot 10^3$ bis $2 \cdot 10^4$ gm^{-2} (bezogen auf Al) nahezu konstante Empfindlichkeitswerte.

Als Strahlungsdetektoren für Geräte der industriellen Flächenmassemeßtechnik kommen fast ausschließlich Ionisationskammern zur Anwendung. Sie zeichnen sich gegenüber anderen Detektoren durch lange Nutzungsdauer, Robustheit und geringe Störanfälligkeit aus. Auf Maßnahmen zur elektronischen Stabilisierung kann verzichtet werden. Andere Detektoren wie z. B. Zählrohre oder Szintillationsdetektoren werden in kleineren, meist tragbar ausgeführten Geräten für die Schichtdickenmessung nach dem Beta-Rückstreuverfahren eingesetzt [23, 24] und kommen auch bei der radiometrischen Dichtebestimmung zur Anwendung [14].

Die als Detektorsignal zu verarbeitenden Ionisationskammerströme bewegen sich etwa im Bereich von 10^{-8}A bis 10^{-10} A. Zur Erzeugung der Meßspannung sind langzeitstabile Höchstohmwiderstände mit Werten größer als 10^9 Ohm erforderlich. Die Verstärkung der über dem Arbeitswiderstand abfallenden Gleichspannung erfolgte anfänglich nach dem Schwingkondensatorprinzip. Fortschritte in bezug auf Stabilität und Linearität bei rationelleren Fertigungsmöglichkeiten wurden in den sechziger Jahren mit der Einführung von Kapazitätsdiodenverstärkern erzielt [25]. Heute kommen weiter verbesserte Gleichspannungsverstärker auf der Basis von MOS-Transistoren zum Einsatz.

Moderne Meß- und Strahlköpfe verfügen über Einrichtungen zur Kompensation von Einflußfehlern oder können, falls es die Meßaufgabe erfordert, damit ausgerüstet werden. Generell erfolgt eine Thermostatisierung der Arbeitswiderstände, mitunter sogar der gesamten Sonde. Zur Beseitigung störender Beläge kommen Abblasdüsen zum Einsatz, durch die Preßluft auf die Meß- und Strahlkopffenster geleitet wird. Speziell um Betauung zu verhindern, beheizt man diese Fenster oder leitet einen Warmluftstrahl konstanter Temperatur in den Meßspalt. Letztere Maßnahme dient auch dazu, Schwankungen der Luftdichte im durchstrahlten Raumgebiet gering zu halten. Zur Erfassung der Lufttemperatur im Meßspalt und zur Kompensation ihres Fehlereinflusses werden darüber hinaus Temperaturfühler an den Sonden angebracht.

Voraussetzung für eine genaue Flächenmassemessung ist eine konstante Meßgeometrie. Bei der Durchstrahlmessung befestigt man Meß- und Strahlkopf an steifen, c-förmigen Bügeln, in die das Meßgut eintaucht (s. Abb. 3 u. 4). Meßspaltweite und mögliche Eintauchtiefe richten sich nach der Meßaufgabe. Besonders große und robuste Bügel mit Meßspaltweiten von mehreren Metern setzt man an Warmbandwalzgerüsten bei der Dickenmessung von Grobblechen ein [8].

Für die Bewegung der Sonden von der Meßposition in die Abgleichstellung und umgekehrt werden elektromechanisch oder pneumatisch betriebene Ausfahr-, Hub- und Schwenkeinrichtungen verwendet (s. Abb. 3 u. 4). Zur Messung des Querprofils über große Meßgutbahnbreiten setzt man Querbewegungseinrichtungen ein (s. Abb. 6).

Abb. 6. Querbewegungseinrichtung für Strahl- und Meßköpfe

Im Falle der Durchstrahlmessung bewegen sich Meß- und Strahlkopf an Schlitten befestigt synchron entlang der oberen und unteren Traverse. An Querbewegungseinrichtungen sind gewöhnlich Signalgeber für die Sondenposition und in besonderen Fällen zusätzlich Meßmittel für die Bahnbreitenbestimmung angebracht. Bei der Mesung von Rohrwanddicken sind Pendeleinrichtungen gebräuchlich, mit deren Hilfe ein Rückstreumeßkopf auf einer Kreisbahn um das konzentrisch gelagerte Meßobjekt gefahren werden kann. An die Fertigungsgenauigkeit und mechanische Stabilität solcher Bewegungseinrichtungen sind hohe Anforderungen zu stellen. Das betrifft vor allem Querbewegungseinrichtungen, die heute für Bahnbreiten bis zu 12 m zur Verfügung stehen.

Die Hersteller radiometrischer Flächenmassemeßgeräte sind bemüht, Sonden- und Zubehörsortimente hoher Anwendungsbreite bei möglichst geringer Typenvielfalt zu entwickeln. Die Anpassung an verschiedene Meßaufgaben erfolgt durch Um- bzw. Nachrüstung weniger Grundtypen, z.B. durch Austausch von Strahlungsquellen und Ionisationskammern. Die Anwendungsbreite hängt auch davon ab, inwieweit die Gerätehersteller die unterschiedlichen Rahmenbedingungen vor Ort berücksichtigen. So sind in bestimmten Fällen explosionsgeschützte Ausführungen von Sonden und Bewegungseinrichtungen zu installieren.

Darüber hinaus ist die Weiterentwicklung der Sonden darauf gerichtet, durch Verringerung der Meßzeitkonstante den wachsenden Fertigungsgeschwindigkeiten von Bandmaterialien Rechnung zu tragen und eine höhere Auflösung zu erzielen, indem die durchstrahlte Meßgutfläche verkleinert wird. Sofern dabei nicht erhöhte statistische Meßfehler in Kauf genommen werden, erfordern diese Maßnahmen in erster Linie den Einsatz von Strahlungsquellen mit höheren Aktivitäten. Der Verbesserung des Zeitverhaltens und der Verringerung der Meßfleckgröße sind daher durch die Notwendigkeit, die geltenden Strahlenschutzbestimmungen einzuhalten, gewisse Grenzen gesetzt, zumal durch abnehmende Baufreiheit für Meßstellen an modernen Fertigungseinrichtungen auch eine Verringerung der Sondenabmessungen angestrebt werden muß und somit weniger Platz für Abschirmungen zur Verfügung steht.

3.2. *Meßwertverarbeitung*

Prinzipielle Unterschiede zwischen den verschiedenen Generationen radiometrischer Flächenmassemeßgeräte bestehen vor allem in bezug auf die Meßwertverarbeitung.

Zu Vertretern früherer Generationen zählen Geräte, bei denen auf eine Linearisierung und die direkte Anzeige eines Flächenmassemeßwertes verzichtet wurde und nur die Anzeige einer Sollwertabweichung erfolgte (z.B. [26 bis 29]). Bei dieser Abweichungsmessung geht man davon aus, daß die Kalibrierfunktion in einer hinreichend kleinen Umgebung des Sollwertes durch eine Gerade (mit einer vom Sollwert abhängigen Steigung) angenähert werden kann. Geräte mit Abweichungsanzeige beruhen auf der Kompensation der Signalspannung am Arbeitswiderstand. An einem Potentiometer mit Skala, das von einer Konstantstromquelle gespeist wird, stellt man die Kompensationsspannung so ein, daß sich für den Flächenmassesollwert an einem Abweichungsanzeigeinstrument der Wert Null ergibt. Die Kalibrierung der Instrumentenskala für unterschiedliche Sollwerte erfolgt durch Änderung der Verstärkung. Bei bekanntem Zusammenhang zwischen der Flächenmasse und den Skalenwerten des Sollwertpotentiometers (für die Abweichung Null) lassen sich Flächenmassebestimmungen sowie Sollwerteinstellungen ohne Benutzung von Musterabsorbern durchführen.

Für die direkte Flächenmasseanzeige wurden zunächst analoge Linearisierungsverfahren eingesetzt, wie die Motorkompensation der Signalspannung am Arbeitswiderstand [26] oder die nichtlineare Verstärkung des Meßsignals [30, 31]. Die Nachbildung der Kalibrierfunktionen durch derartige Analogverfahren gelingt jedoch nur in begrenzten Flächenmassebereichen mit befriedigender Genauigkeit. Insbesondere bereitet die Anpassung an unterschiedliche Meßaufgaben Schwierigkeiten.

Kennzeichnend für den heutigen Entwicklungsstand der radiometrischen Flächenmassemeßtechnik sind digitale Verfahren der Meßwertverarbeitung unter Einbeziehung von Mikrorechnern (z.B. [32, 33]). Die wesentlichen Schritte der Signalumwandlung, insbesondere die Mikrorechnern übertragenen Aufgaben, werden in Abb. 7 erläutert.

Im Mittelpunkt stehen die Verarbeitungsschritte Normierung und Linearisierung. Zur Berechnung des Signals M wird auf gespeicherte Normierungswerte zurückgegriffen, die im Rahmen der Justierung nach einer vorgeschriebenen Betriebsdauer jeweils neu bestimmt werden. Dem normierten Signal wird im folgenden Schritt der gemäß Kalibrierfunktion $f(M)$ zugehörige Flächenmassewert s zugeordnet.

Prinzipiell besteht die Möglichkeit, die Kalibrierfunktion als Wertetabelle zu speichern und die Flächenmasse durch Interpolation zu ermitteln. Zweckmäßiger wird s mit Hilfe

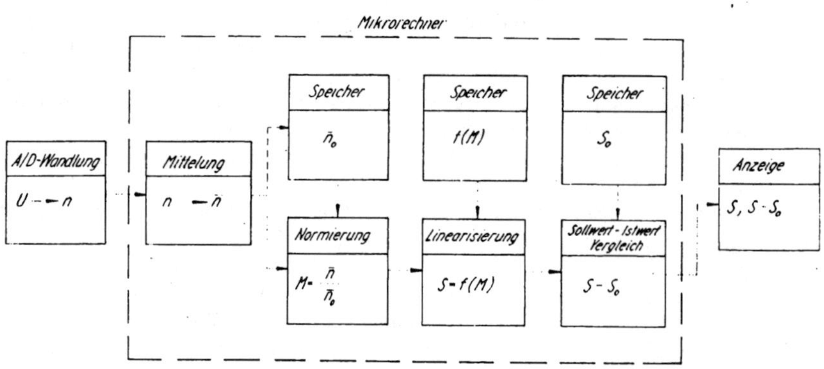

Abb. 7. Schema der Meßwertverarbeitung bei einem Flächenmassemeßgerät mit Mikrorechner

eines analytischen Ausdrucks $s = f(M, a, b, c, ...)$ berechnet, der Parameter a, b, c . . . zur Anpassung an bestimmte Meßaufgaben, (d. h. an bestimmte Strahler-Meßgut-Kombinationen und Meßgeometrien) enthält, die im Rahmen der Kalibrierung bestimmt werden. Dieses Vorgehen ist deshalb vorteilhaft, weil man trotz des Einsatzes unterschiedlicher Strahlungsarten für nahezu sämtliche Anwendungsfälle der Durchstrahl- und Rückstreumessung jeweils nur eine Stammfunktion benötigt [13, 34], deren Abarbeitung zu programmieren ist. Zur Lösung unterschiedlicher Meßaufgaben brauchen lediglich verschiedene Sätze von Kalibrierparametern a, b, c . . . gespeichert zu werden. Bei der Bestimmung der Kalibrierparameter mit Hilfe der experimentell gewonnenen Kalibrierfunktion wird die Methode der kleinsten Fehlerquadrate angewendet [35]. Heute sind bereits Flächenmassemeßgeräte mit Mikrorechner im Einsatz, die vor Ort kalibriert werden können, wobei die Speicherung der Kalibrierung im RAM-Bereich erfolgt [33]. Der Mikrorechner in der Zentrale berechnet die Kalibrierparameter selbsttätig an Hand gemessener Kalibrierfunktionen. Maßgebend für Abweichungen der Funktion $s = f(M, a, b, c \ldots)$ vom wahren Verlauf, die in vielen Anwendungsfällen heute im Promillebereich liegen müssen, sind in erster Linie die Nennwertfehler der Kalibrierabsorber.

Die Berechnung der Flächenmassewerte erfolgt zyklisch in sehr kurzen Zeitabständen (z.B. 10 ms [35]). In entsprechenden Zeiträumen sind im Rahmen der Analog-Digitalwandlung digitale Werte der Meßkopfspannung bereitzustellen. Zwecks Verringerung statistischer Schwankungen bzw. zur Beeinflussung des Zeitverhaltens erfolgt eine Mittelung durch ein digitales Filter. Dabei wird entweder gleitend über eine bestimmte einstellbare Zahl von digitalen Werten n gemittelt [35] oder die Filterung erfolgt durch ein rechnerisch nachgebildetes RC-Glied mit veränderbarer Zeitkonstante [36]. Moderne Flächenmassemeßgeräte stellen sich im Zeitverhalten adaptiv auf schnelle Änderungen der Meßgröße ein. Treten kurzfristig Meßgrößenänderungen auf, die ein bestimmtes vorgegebenes Maß überschreiten, so reagiert die Meßanlage selbsttätig darauf durch Verringerung der Zeitkonstante [37]. Der geänderte Meßwert wird nach kürzerer Zeit angezeigt, allerdings mit einem der Verringerung der Zeitkonstante entsprechend erhöhten statistischem Fehler.

Bestimmte Fehlereinflüsse (z.B. Ablagerungen auf den Strahlenein- und -austrittsfenstern) können durch Justierung der Meßanlage allein nicht vollständig kompensiert werden. Hierzu wäre auch eine Korrektur der Kalibrierparameter $a, b, c,$ . . . und damit die Bestimmung von Kalibrierpunkten innerhalb des Meßbereiches erforderlich. Eine solche Korrektur läßt sich im Rahmen einer erweiterten Justierung, bei der zwecks Bestimmung eines zusätzlichen Korrekturwertes ein an der Sonde angebrachter Absorber in das Strahlenbündel geschwenkt wird [38], oder durch eine Nachkalibrierung, bei der nur 3 über den Meßbereich verteilte Kalibrierpunkte ermittelt werden [32], realisieren.

3.3. *Gerätekomfort und Ausbaustufen*

Neben der Lösung des Linearisierungsproblems konnte durch Einsatz von Mikroelektronik bei verhältnismäßig geringem Zusatzaufwand an Hardware der Komfort radiometrischer Flächenmassemeßgeräte beträchtlich erhöht werden. Darüber hinaus boten preiswerte, programmierbare Mikroelektronikbausteine die ökonomischen Voraussetzungen für den Ausbau dieser Geräte zu Meß- und Regelsystemen bzw. komplexen Prozeßleitsystemen.

Wie vor allem aus der Prospektliteratur hervorgeht (z.B. [38—46]), verfügen moderne Flächenmassemeßgeräte mit Mikrorechner standardmäßig über eine vierstellige digitale Anzeige. Darstellbar sind neben dem Flächenmassemeßwert (bzw. Dicken- oder Dichtemeßwert) und der Sollwertabweichung Produktparameter (z.B. Sollwert, Toleranzgrenzen), Prozeßparameter (z.B. Meßzeitkonstante) und Betriebsparameter der Meßanlage (z.B. Normierungswerte). Parameterabruf und -eingabe erfolgen am Bedien- und Anzeigefeld über eine Dezimaltastatur und entsprechende Bedientasten. Die Justierung erfolgt automatisch nach einer vorgegebenen Zyklusdauer; dieser Vorgang kann aber auch nach Bedarf durch Betätigung einer speziellen Funktionstaste ausgelöst werden. Ebenso sind die Betriebszustände Messen und Bereitschaft durch „Ein-Knopf-Bedienung" einstellbar. Auf eingestellte Betriebszustände weist eine Tastenbeleuchtung hin. Toleranzüberschreitungen werden durch Aufleuchten entsprechender Lampen am Bedien- und Anzeigefeld signalisiert. Abb. 8 zeigt ein Ausführungsbeispiel für das Bedien- und Anzeigefeld eines modernen Flächenmassemeßgerätes. In vielen Fällen wird die Digitalanzeige durch eine Analoganzeige (Zeigerinstrument, Linienschreiber) für die ständige Darstellung der Sollwertabweichung ergänzt. Für besonders wichtige Produktparameter (Sollwert, Toleranzgrenzen) stehen entweder weitere digitale Anzeigefelder zur Verfügung, oder sie könenen über Vorwahldrehschalter eingegeben werden, so daß sie während des Fertigungsprozesses ständig ables- und kontrollierbar sind. Mikrorechnergeräte sind mit Programmen zur automatischen Selbstüberwachung ausgestattet. Unzulässige Betriebsparameter und falsche Bedienung werden durch Fehlermeldung quittiert, indem z.B. eine Signallampe aufleuchtet und eine auf die Fehlerursache hinweisende Code-Nummer angezeigt wird. Zum Standard heutiger Flächenmassemeßgeräte gehört die Speichermöglichkeit mehrerer Kalibrierfunktionen

Abb. 8. Bedieneinheit eines Flächenmassemeßgerätes mit Mikrorechner

(bzw. Kalibrierparametersätze) zur Lösung verschiedener Meßaufgaben. Eine bestimmte Kalibrierfunktion kann durch Eingabe ihrer Nummer aktiviert, d. h. in einen Arbeitsspeicher geladen werden. Die Zentralen sind im allgemeinen sowohl für den Anschluß von Durchstrahl- als auch Rückstreusonden (einschließlich Dichtemeßsonden) sowie für Differenzmessungen, d. h. die Bestimmung von Flächenmassezuwächsen mittels zweier Meßstellen, vorbereitet. Zur Weiterverarbeitung in einer Regeleinrichtung wird ein Analogsignal für die Sollwertabweichung ausgegeben. Für Großsichtanzeigen oder für die rechnerische Weiterverarbeitung von Meßwerten stehen digitale Ausgänge zur Verfügung.

Mit vielseitig einsetzbaren Geräten des bisher beschriebenen Leistungsumfanges kann heute noch die Mehrzahl der industriellen Meßaufgaben gelöst werden. Komfortablere, zu Meß- und Regelsystemen ausgebaute Anlagen liefern bei selbsttätiger Anpassung an die Maschinengeschwindigkeit Regelimpulse, deren Dauer proportional zur Sollwertabweichung ist. Regelungsspezifische Größen (z.B. Regelverstärker, Totzeit) können den Erfordernissen der Regelungsaufgabe entsprechend als Prozeßparameter eingegeben werden. Bei Einbeziehung des Querprofils in den Regelungsprozeß, vor allem bei Mehrzonenregelung, erfolgt die Steuerung der traversierenden Sonden einschließlich der Regelsignalbestimmung durch Bildung bestimmter Profilmittelwerte mit Hilfe abrufbarer Fahrprogramme. Diese Programme enthalten frei wählbare Prozeßparameter wie Traversiergeschwindigkeit und Meßpositionen.

Zur Verringerung der Ausfallzeit bei Meßgutwechsel haben sich Speicher als zweckmäßig erwiesen [41], in denen sämtliche für die Herstellung eines bestimmten Produkts erforderlichen Prozeßparameter einschließlich Fahrprogramm- und Kalibrierfunktionsnummer zusammengefaßt sind. Durch Eingabe einer Produktnummer kann der komplette Datensatz per Tastendruck abgerufen bzw. in entsprechende Arbeitsspeicher übertragen werden.

Überwiegend bieten moderne Meß- und Regeleinrichtungen die Möglichkeit, durch „Optimierung des Sollwertes“ Material einzusparen. Ist die Schwankungsbreite der geregelten Flächenmasse kleiner als der Toleranzbereich, so kann der Sollwert, an dem sich die Regelung orientiert, kleiner als der Produktsollwert eingestellt werden. Da sich die Schwankungsbreite des geregelten Sollwertes während des Fertigungsprozesses ändern kann, bestände bei fester Einstellung des Sollwertes im Minustoleranzbereich allerdings die Gefahr, daß die untere Toleranzgrenze im Verlauf des Fertigungsprozesses überschritten wird. Im Rahmen der automatischen Sollwertoptimierung wird die Schwankungsbreite ständig ermittelt und der Sollwert unter Berücksichtigung eines Sicherheitsabstandes der aktuellen Schwankungsbreite entsprechend so nah wie möglich an die untere Toleranzgrenze herangeführt (s. Abb. 9). Maßgebend für die Größe des Sicherheitsabstandes ist vor allem die Meßgenauigkeit.

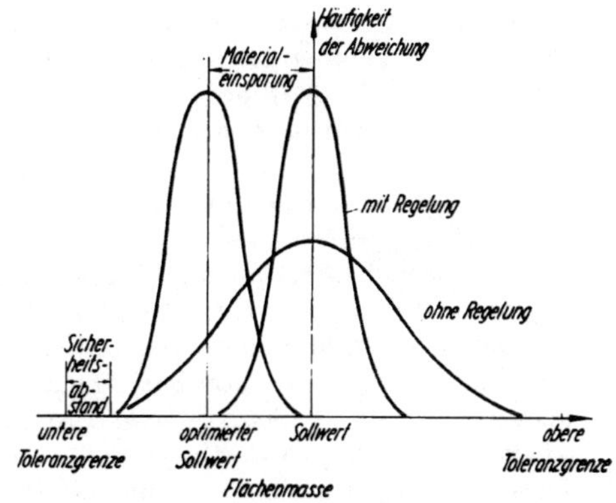

Abb. 9. Zum Prinzip der Sollwertoptimierung

Radiometrische Meß- und Regeleinrichtungen sind mit Schnittstellen für den Systemverbund mit übergeordneten Leitrechnern ausgeüstet. Das gilt insbesondere auch für komplexe Prozeßkontroll- und Automatisierungssysteme, die dadurch gekennzeichnet sind, daß neben der Flächenmasse weitere Meßgrößen wie Temperatur, Bahnbreite, Meßgutfeuchte (auch auf nicht radiometrische Weise) bestimmt und in den Regelungsprozeß einbezogen werden. Im allgemeinen sind in einer Zentrale die Informationen von mehreren Meßstellen zu verarbeiten. Die Ermittlung weiterer Meßgrößen erfolgt einerseits zur Gewinnung zusätzlich interessierender Produktdaten, andererseits zur Erfassung von Störgrößen und zur Kompensation ihres Fehlereinflusses auf die Flächenmasse. Solche komplexen Systeme sind jeweils auf bestimmte, hochproduktive Fertigungsanlagen zugeschnitten. Sie kommen z.B. an Papiermaschinen zum Einsatz [40, 45, 47], wo neben der Bahnbreite als zusätzliche Meßgrößen vor allem der Füllstoffgehalt (Aschegehalt) und die Feuchte von Interesse sind. Die Feuchtemessung erfolgt selektiv mit Hilfe optischer Verfahren und dient in erster Linie zur Korrektur des Flächenmassemeßwertes. Weitere Einsatzfälle für Prozeßkontroll- und Automatisierungssysteme ergeben sich vor allem auch bei der Herstellung von Plastfolien, insbesondere mehrschichtiger Materialien (wie z.B. Fußbodenbelag aus Plastmaterial mit Textilunterlage), wo neben der Gesamtflächenmasse die Flächenmassen der einzelnen Materialschichten zu bestimmen sind. Als Beispiel für den fortgeschrittenen Stand der radiometrischen Flächenmassemeßtechnik können Prozeßkontrollsysteme dienen, die an Produktionsanlagen für Reifengummibahnen mit Stahlgeflechteinlage im Einsatz sind [39, 48]. Zur Meßwertgewinnung am Fertigprodukt werden Sensorpakete verwendet, in denen eine β- und γ-Durchstrahlsonde sowie auf beiden Meßgutseiten je eine γ-Rückstreusonde zusammengefaßt sind. Bei der Rückstreumessung wird zusätzlich die durch das Meßgut hindurchtretende Strahlung erfaßt. Unter Ausnutzung der unterschiedlichen Absorption der β- und γ-Strahlung durch die einzelnen Meßgutschichten ermittelt der Mikrorechner in der Zentrale die Gesamtflächenmasse, die Flächenmasse der oberen und unteren Gummischicht sowie die Flächenmasse des Drahtgeflechts. Darüber hinaus erfolgt eine rechnerische Kompensation der Flächenmassefehler, die durch Schwankungen des ZnO-Gehalts des Gummis hervorgerufen werden.

Bei Meß- und Regelsystemen, insbesondere komplexen Prozeßkontroll- und Automatisierungssystemen werden vorteilhaft zusätzliche Einrichtungen zur Datenausgabe wie Farbmonitor und Drucker eingesetzt. Auf dem Bildschirm ist zur umfassenden Information des Maschinenführers eine große Anzahl von Produkt- und Betriebsdaten gleichzeitig darstellbar, wobei verschiedene Datenkategorien durch unterschiedliche Farbgebung übersichtlich voneinander abgehoben werden können. Der Monitor eignet sich auch besonders zur graphischen Darstellung gespeicherter Quer- und Längsprofile. Darüber hinaus wird er bei der cursor-gesteuerten Bedienung bzw. Programmierung im Dialogverfahren eingesetzt. Mit Hilfe des Druckers kann für jedes Fertigungslos ein Protokoll mit Produktdaten wie Produktnummer, die Häufigkeit für bestimmte Sollwertabweichungsklassen, die Anzahl von Toleranzüberschreitungen u. ä. angefertigt werden.

Im Hinblick auf die Lösung unterschiedlicher Meß- und Regelprobleme streben die Hersteller bei der Geräteentwicklung an, durch bausteinartigen Aufbau ihrer Meßsysteme größtmögliche Anpassungs- und Ausbaufähigkeit zu gewährleisten. Das Bausteinprinzip wird nicht nur in bezug auf die Hardware sondern auch bezüglich der Software verfolgt, wobei es darauf ankommt, ohne Änderung bereits bestehender Programme für bestimmte Problemlösungen weitere Gerätefunktionen realisieren zu können. In diesem Zusammenhang geht man dazu über, sämtliche Systemkomponenten, also auch Sonden und Bewegungseinrichtungen, mit Mikrorechnern auszurüsten, die an Ort und Stelle zur Datenaufbereitung sowie für Steuerungs- und Überwachungsfunktionen eingesetzt werden [40]. Dem Mikrorechner in der Zentrale bleiben umfangreichere Berechnungsaufgaben, wie die Abarbeitung von Linearisierungsalgorithmen, vorbehalten. Durch diese „Verteilung der Intelligenz" wird ein übersichtlicher, modularer Programmaufbau begünstigt sowie die Möglichkeit zur Fehlerdiagnose verbessert. Bei ausschließlich digitalem, seriellem Datenverkehr zwischen den einzelnen Systemkomponenten vereinfacht sich die Verdrahtung, was besonders bei der Installation komplexer Meßanlagen von Vorteil ist. Darüber hinaus kann bei digitaler Signalübertragung die Einstreuung von Störsignalen über Erdschleifen wirksam vermieden werden.

Schlußbemerkungen

Mit der Lösung des Linearisierungsproblems durch digitale Methoden der Meßwertverarbeitung unter Einbeziehung von Mikrorechnern ist die Entwicklung radiometrischer Flächenmassemeßgeräte prinzipiell zu einem gewissen Abschluß gelangt. Sofern neben technischen auch ökonomische Gesichtspunkte berücksichtigt werden, zeichnen sich im Bereich der Meßwertgewinnung grundlegende Verbesserungsmöglichkeiten etwa durch Einsatz neuartiger Detektoren oder die generelle Ablösung der Radionuklidquellen durch Röntgenröhren gegenwärtig nicht ab.

Zur Zeit und in der nächsten Zukunft kommt es in erster Linie darauf an, die sich bei weiter zunehmendem Integrationsgrad und bei dem Leistungs-Preis-Verhältnis der verfügbaren Mikroelektronikbausteine eröffnenden Möglichkeiten zweckmäßig zu nutzen, indem bei wachsender Zahl von Gerätefunktionen die Bedienung weiter vereinfacht sowie die Anpassungsfähigkeit an verschiedene Meßaufgaben und die Gerätezuverlässigkeit erhöht werden. Darüber hinaus läßt sich die Mikroelektronik in noch größerem Maße als bisher zur Verbesserung der Meßgenauigkeit durch Erfassung und rechnerische Kompensation von Störgrößeneinflüssen nutzen. Diese Entwicklung entspricht einer Grundtendenz in der Meß- und Automatisierungstechnik, in der von jeher Fortschritte bei den Bauelementen überall dort verwertet wurden, wo ihr Einsatz technische und ökonomische Vorteile brachte [49].

Meinen Kollegen Dr. *Dietzsch*, *Kießling*, *Reinhardt* und Dr. *Löber* danke ich für Hinweise in zahlreichen Diskussionen.

Eingegegangen am 11. 7. 1983

Literatur

[1] *W.-J. Schmidt-Küster, H. Mohrhauer*, Atomwirtschaft **10** (1965) 536
[2] *K.-H. Waechter*, Atomwirtschaft **10** (1968) 480
[3] *K.-H. Waechter*, Kunststoffe **6** (1969) 311
[4] *E. Kowalski*, Control & Instrumentation **12** (1973) 23
[5] *A. Kosmowski*, messen + prüfen/automatik **9** (1976) 480
[6] *W. Hartmann*, Meßverfahren unter Anwendung ionisierender Strahlung. Leipzig: Geest & Portig 1969
[7] *H. Hart*, Radioisotope in der Betriebsmeßtechnik. Berlin: VEB Verlag Technik 1962
[8] *K.-H. Waechter*, Regelungstechnik **16** (1968) 424
[9] *T. Kosbahn*, Archiv für technisches Messen **13** (1966) 169
[10] *P. Polly*, Archiv für technisches Messen **10** (1972) 55
[11] *W. Carl*, BÄNDER BLECHE ROHRE Düsseldorf **15** (1973) 146
[12] *A. Kosmowski*, Ind. Elektrik u. Elektronik **20** (1975) 33
[13] *A. Ott*, Metalloberfläche **29** (1975) 119
[14] *W. Wiedenroth*, Maschinenmarkt, Würzburg **87** (1981) 1947
[15] *W. Dietzsch*, in H. Hart, Radioisotope in der Betriebsmeßtechnik. Berlin: VEB Verlag Technik 1962
[16] *W. Dietzsch*, Isotopentechnik **1** (1960/61) 66
[17] *W. Dietzsch*, Atompraxis **8** (1962) 129
[18] Information Fa. Frieseke & Hoepfner GmbH, Metalloberfläche Angew. Elektrochemie **27** (1973) 458
[19] DDR-Wirtschaftspatentschrift Nr. 134 567 (1978)
[20] *W. Carl*, Kerntechnik **11** (11969) 431
[21] *W. Dietzsch*, Isotopenpraxis **2** (1966) 82
[22] *G. Brunner, V. Rößiger*, Isotopenpraxis **17** (1981) 9
[23] *W. H. Gühring*, Metalloberfläche **30** (1976) 244
[24] *W. H. Gühring*, Messen und Prüfen **13** (1977) 731
[25] *A. Kosmowski*, Kerntechnik **15** (1973) 16
[26] Firmenprospekt, Frieseke & Koepfner, FHF 642/3/7/68
[27] *G. Dörfel*, Fertigungstechnik und Betrieb **2** (1964) 95
[28] *K. Träber*, Impuls **16** (1976) 10
[29] *R. Kießling*, Isotopenpraxis **13** (1977) 248
[30] BRD-Offenlegungsschrift 1959167 (1970)
[31] Firmenprospekt, Hartmann & Braun, 04/24/649/5.77/Wa
[32] *W. Dietzsch*, Isotopenpraxis **17** (1981) 349
[33] *W. Dietzsch, K.-H. Reinhardt*, Isotopenpraxis **19** (1983) 11
[34] *C. Löber*, Dissertation, TH Magdeburg 1976
[35] *M. C. Berlin, U. Schriewer*, process engeneering **7–8** (1981) 232
[36] *C. Löber*, Isotopenpraxis **14** (1978) 2
[37] *C. Löber*, Messen, Steuern, Regeln **22** (1979) 5
[38] Firmenprospekt, Measurex Corporation, Measurex 2000/25 Calender Control System, 1976
[39] Firmenprospekt, Measurex Corporation, Measurex Sensors for Rubber Calender Control, 1975
[40] Firmenprospekt, Measurex Corporation, Measurex 2001 Process Control Family, 1977
[41] Firmenprospekt, Frieseke & Hoepfner, FHF 846/1/4/79
[42] Firmenprospekt, Frieseke & Hoepfner, V 939/10.78/3/79
[43] Firmenprospekt, Frieseke & Hoepfner, FHF 836/2/7/79
[44] Firmenprospekt, Nuclear Enterprises Limited, No. 1023, 1977
[45] Firmenprospekt, Nuclear Enterprises Limited, No. 1024, 1977
[46] Firmenprospekt, Ohmarth, SDBS-7677
[47] *W. Eckert, J. Hackel*, Siemens-Zeitschrift **51** (1977) 381
[48] US-Patent Nr. 378 430 (1973)
[49] *H. Kaltenecker, F. Weber*, Regelungstechnische Praxis **8** (1979) 215

Isotopenpraxis 20 (1984) 4, S. 127 bis 129

Originalarbeiten

Empfindlichkeit eines Autoradiographiefilmes gegen ionisierende Strahlung verschiedener Art und Energie

A. B. Kraś, A. Lutze-Birk, A. Kalicki

(Institut für Kernchemie und Kerntechnik, Warszawa, Polen)[1])

Es wurden Vergleichsuntersuchungen zur Empfindlichkeit des Autoradiographiefilmes ORWO-AF3 gegenüber β-Strahlung (E_{max} = 0,155 MeV und = 0,306 MeV), γ-Strahlung mit einer Energie über 1 MeV und K_α- und K_β-Strahlung (ca. 5,9 KeV) durchgeführt. Die gewonnenen Daten sind anwendbar bei der Korrektur von Tiefenverteilungsprofilen, wenn die Elemente mit Radionukliden markiert werden, die eine gemischte Strahlung (z. B. β- und γ-Strahlung) emittieren.

The investigation of sensitivity of the ORWO-AF 3 autoradiographic emulsion for β-radiation of energy: 0,155; 0,306 MeV, γ-radiation of energy above 1 MeV and $X_{K\alpha} + X_{K\beta}$ (5,9 keV; 6,5 keV) has been carried out. Findings can be applied for the correction of autoradiograms of diffusion profiles, if a diffusive element is marked by isotopes of complex radiation (e. g. β- + γ-radiation).

Keywords

autoradiography; carbon 14; cobalt 60; energy dependence; gamma radiation; iron isotopes; photographic film detectors; sensitivity; X-ray detection

Die Kenntnis der Empfindlichkeit einer autoradiographischen Emulsion gegenüber verschiedenartiger Strahlung ist in der autoradiographischen Praxis in folgenden Fällen von großer Bedeutung:

1. bei der Auswahl einer optimalen Emulsion für eine konkrete, mit einem bestimmten Radionuklid durchgeführte autoradiographische Untersuchung;
2. bei quantitativen autoradiographischen Untersuchungen, wenn eine Korrektur für die aus der Probentiefe kommende Strahlung notwendig ist (z.B. bei der Auswertung von Schrägschliffautoradiogrammen von Diffusionsprofilen).

Untersuchungen zur Empfindlichkeit autoradiographischer Emulsionen werden schon sehr lange durchgeführt, praktisch seit Beginn der technischen Anwendung der Autoradiographie. Anfangs wurde angenommen, daß die gleiche Dosis von α-, β- und γ-Strahlung Schwärzungen etwa im Verhältnis 100:10:1 hervorruft. Diese Schätzung galt wegen Mangel an entsprechenden Daten bis vor kurzem [1]. Eine Reihe systematischer Untersuchungen wurde im ZfI Leipzig durchgeführt. Dabei wurden die Schwärzungskurven für viele Radionuklide und autoradiographische Emulsionen (ORWO-AF3, -AF4, -TF14 u. a.) unter Berücksichtigung des Einflusses der Art des Entwicklers und der Entwicklungsbedingungen bestimmt. Einige Ergebnisse dieser Untersuchungen sowie eine ausführliche Arbeit über die Schwärzung des mit ^{14}C-β-Teilchen bestrahlten ORWO-AF3-Filmes (unter Berücksichtigung verschiedener Parameter wie z.B. der Alterung des Entwicklers) wurden veröffentlicht [2]. Erste Ergebnisse von Untersuchungen zur Empfindlichkeit der Autoradiographiefilme ORWO-AF3, -AF4, -TF14 und Kodak-AR10 wurden in [3] veröffentlicht. In dieser Arbeit wurden die Ergebnisse für reine β-Strahler mit denen für „gemischte" β + γ-Strahler gleichartig behandelt. Das führt zu unbekannten Fehlern.

In dieser Arbeit soll die Empfindlichkeit einer autoradiographischen Emulsion gegenüber α-, β-, γ- und Röntgen-Strahlung verschiedener Energien untersucht werden. Die Empfindlichkeit wird als Verhältnis der Schwärzung zur Teilchen- bzw. Photonendosis pro cm² des Autoradiogramms im linearen Bereich der Schwärzungskurve definiert. Es wurde der Autoradiographiefilm ORWO-AF3 untersucht. Die Entwicklung erfolgte entsprechend der Rezeptur des Herstellers (der Entwickler wurde erst 24 Stunden nach Ansatz verwendet [2]). Um den Einfluß der Rückstreuung auf die Meßergebnisse auszuschließen [4], wurden alle Strahlungsquellen auf Aluminiumunterlagen fixiert. Auf der Rückseite des autoradiographischen Filmes lag eine dicke Plastikplatte.

Die ersten Experimente hatten das Ziel, die quantitative Auswertung der ^{55}Fe/^{59}Fe-Autoradiogramme von Diffusionsprofilen zu ermöglichen. Zur Untersuchung wurden die in Tab. 1 zusammengestellten Strahlungsquellen eingesetzt; als Vergleichsmaterial wurde eine ^{14}C-Strahlungsquelle verwendet. Statt einer schwer zugänglichen ^{59}Fe-Quelle wurde eine ^{60}Co-Quelle verwendet. Das ist wegen der fast idealen Näherung von Strahlungsart und -energie beider Radionuklide möglich.

Die β-Strahlungsflüsse in 2π-Geometrie wurden vom Hersteller angegeben; die Röntgen- und γ-Strahlungsflüsse wurden von uns vermessen. Dabei wurde eine Korrektur für die Absorption im Detektorfenstermaterial, in der Luft und für die Detektorempfindlichkeit vorgenommen. Um Fehler dabei auszuschalten, wurden Vergleichsmessungen mit Hilfe der attestierten Röntgen- und γ-Standardquellen vorgenommen. In Tab. 1 sind die Meßergebnisse und die Meßfehler angegeben.

Um die β- und die γ-Strahlungskomponenten der ^{60}Co-Quelle getrennt vermessen und autoradiographisch ihre

[1]) Anschrift: PL-03-195 Warszawa, Dorodna 16

Tab. 1. Charakteristik der Strahlungsquellen

Quelle (Radioisotop) Halbwertszeit	Oberfläche cm^2	Strahlung: Art u. Energie	Teilchen- und Photonenfluß $[cm^{-2}\,s^{-1}]$ in 2π-Geometrie
^{55}Fe / 2,94 a	0,292	K_{α_1}: 5,898 keV K_{α_2}: 5,887 keV K_β: 6,498 keV $\frac{K_{\alpha_1\alpha_2}}{K_\beta} = \frac{150}{20}$*)	Röntgenstrahlung insgesamt: 192 ± ca. 2%
^{60}Co / 1,95 a	1,89	β^-_{max}: 0,306 MeV γ: 1,17 MeV 1,33 MeV	β^-: 72,8 ± 1,5% γ: 236 ± 4%
^{14}C / 5720 a	1,85	β^-_{max}: 0,155 MeV	β^-: 104,5 ± 1,5%

*) Nach *E. P. Bertin*, Introduction to X-Ray Spectrometric Analysis, 1978; von verschiedenen Autoren weıden aber auch andere Daten angegeben.

Wirkung auf die Emulsion getrennt untersuchen zu können, wurde eine β-Abschirmung aus 2 mm dickem Plexiglas verwendet. So kamen entweder nur die γ-Komponente oder die β- und γ-Komponente gleichzeitig zur Wirkung.

Die Strahlenquellen wurden dann auf ORWO-AF3-Film exponiert. Die Expositionszeiten variierten von 1 Stunde bis zu 30 Tagen, um die Schwärzungskurven bestimmen zu können und den Bereich der Proportionalität nicht zu überschreiten. Die ^{60}Co-Quelle wurde mit und ohne Plexiglasabschirmung exponiert. Bei Abschirmung der β-Teilchen wurden keine Autoradiogramme erhalten. Das ist ein Beweis dafür, daß die γ-Strahlung mit einer Energie um 1 MeV keine Schwärzung des ORWO-AF3-Filmes verursacht, d. h. die Empfindlichkeit dieser Emulsion gegenüber dieser γ-Strahlung Null ist. Die übrigen Ergebnisse sind in Abb. 1 bis 3 in Form der Schwärzungskurven (Abhängigkeit der mittleren Schwärzung von der Strahlendosis pro cm^2) dargestellt.

Aus dem Ansteigen der Schwärzungskurven wurden die Empfindlichkeitswerte für die ORWO-AF3-Emulsion berechnet. Sie sind in Tab. 2 zusammengefaßt. Es sei bemerkt, daß sich die dargestellten Ergebnisse auf die verwendete Emulsion, den Entwickler und die Entwicklungsbedingungen beziehen.

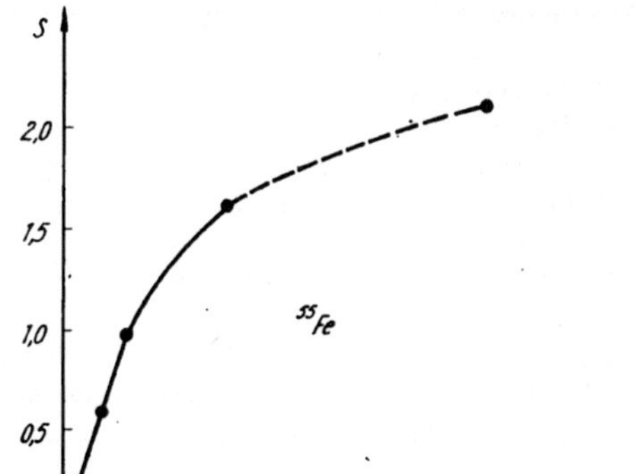

Abb. 1. Die Schwärzungskurve (Abhängigkeit der Schwärzung von der Strahlungsdosis) für die Röntgenstrahlung des Radioisotops ^{55}Fe; Emulsion ORWO-AF3

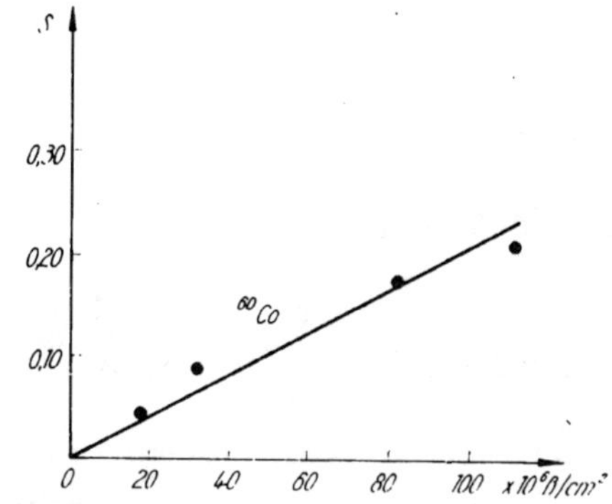

Abb. 2. Die Schwärzungskurve (Abhängigkeit der Schwärzung von der Strahlungsdosis) für die β-Strahlung des Radioisotops ^{60}Co

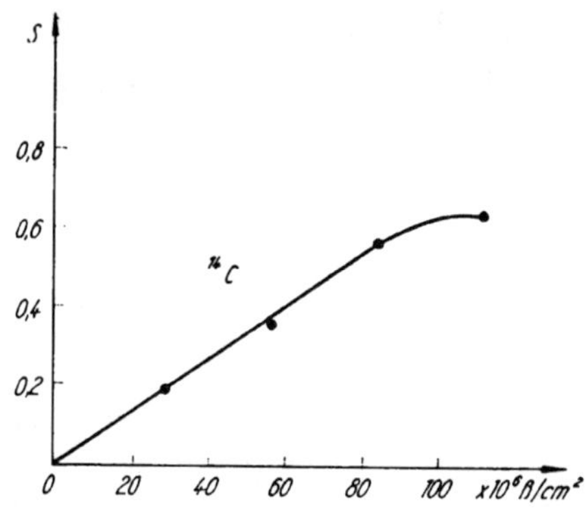

Abb. 3. Die Schwärzungskurve (Abhängigkeit der Schwärzung von der Strahlungsdosis) für die β-Strahlung des Radioisotops ^{14}C

Tab. 2. Empfindlichkeit der ORWO-AF3-Emulsion gegenüber verschiedenen Strahlungen

Quelle	Strahlung	Empfindlichkeit $\frac{\text{S-Einheiten}}{\text{Dosis/cm}^2}$
^{55}Fe	Röntgen: K_α: 5,90 keV K_β 6,49 keV	$6{,}0 \cdot 10^{-8}$
^{60}Co ohne Abschirmung	β: 0,306 MeV γ: 1,17 MeV 1,33 MeV	$0{,}21 \cdot 10^{-8}$
^{60}Co mit Abschirmung	γ: 1,17 MeV 1,33 MeV	0
^{14}C	β: 0,155 MeV	$0{,}67 \cdot 10^{-8}$

Die Ergebnisse zeigen, daß die Empfindlichkeit der Emulsion stark von der Strahlungsart abhängig ist. Sie ist für harte γ-Strahlung (über 1 MeV) fast gleich Null; für die Röntgenstrahlung ist sie um eine Größenordnung höher als für β-Strahlung. Die Zahlenwerte für die ^{14}C-β-Strahlung stimmen sehr gut mit den in [3] veröffentlichten Daten überein; die Ergebnisse für ^{60}Co sind aber sehr unterschiedlich. Aus [3] folgt, daß die Empfindlichkeit der ORWO-AF3-Emulsion im Bereich von 0,15 bis 1,1 MeV nur wenig von der β-Energie abhängt. In unseren Experimenten ist eine deutliche Empfindlichkeitsabnahme zu beobachten.

Die gewonnenen Daten wurden bei der quantitatven Auswertung der Autoradiogramme von Tiefenprofilen des Eisens (^{55}Fe, ^{59}Fe) im chromierten Stahl praktisch angewendet.

Komplexe Strahler werden in der autoradiographischen Praxis relativ oft eingesetzt. Das rechtfertigt auch weitere Untersuchungen zur Empfindlichkeit von autoradiographischen Emulsionen. In erster Linie soll der Einfluß der γ-Strahlung untersucht werden, um eine Energiegrenze für die Unempfindlichkeit der Emulsion zu finden und um unterhalb dieser Grenze entsprechende Empfindlichkeitskoeffizienten zu bestimmen. Damit kann man dann komplexe β/γ-Strahlungsquellen verwenden, weil der Einfluß der γ-Strahlung korrigiert werden kann.

Eingegangen am 8. 6. 1983
Überarbeitete Fassung am 13. 7. 1983

Literatur

[1] *G. Deuretzbacher, K. Freyer* u. a., Nukleonika 25 (1980) 1215
[2] *A. Lutze-Birk, W. Wnuk, B. Štverak*, Radioisotopy 19 (1978) 795
[3] *H. Baumbach, K. Freyer* u. a., ATOMKI Közlemenyek 18 (1976) 137
[4] *J. Rant, G. Pregl* u. a., Nukleonika 25 (1980) 1261

Isotopenpraxis 20 (1984) 4, S. 129 bis 130

Bestimmung von Elementspuren im Uran mittels Atom-Absorptionsspektrometrie nach Vorabtrennung der Matrix*)

B. Gleisberg

(Zentralinstitut für Kernforschung Rossendorf)[1])

Der Gehalt der Elemente: Ca, Cd, Co, Cr, Cu, Fe, K, Mg, Mn, Mo, Na, Ni, Pb und Zn im Uran wird mittels Flammenabsorptions- bzw. emissionsspektralanalyse bestimmt. Nach Lösen der Proben in Salpetersäure wird Uran selektiv mit einem Tributylphosphat/Benzin-Gemisch abgetrennt. Die wäßrige Schicht wird nach Aufarbeitung für die quantitative Bestimmung verwendet. Für eine Analyse dieser 14 Elemente benötigt man Uranoxidmengen von 1—2,5 g bei Nachweisgrenzen von 0,2—5 ppm.

A method is discribed for the determination of Ca, Cd, Co, Cr, Cu, Fe, K, Mg, Mn, Mo, Na, Ni, Pb and Zn in uranium by atomic absorption or emission spectroscopy. The sample is dissolved in nitric acid. The uranium is selectively removed by extraction with tributyl phosphate. The aqueous layer is evaporated and the residue is re-dissolved in hydrochloric acid. All the elements can be determined in the solution. 1—2,5 g of uranium dioxide are used for the determination of 14 elements. The limits of detection are 0,2—5,0 ppm.

Keywords

absorption spectroscopy; impurities; interfering elements; quantitative chemical analysis; solvent extraction; uranium; uranium dioxide

Einleitung

Uranoxid wird als Kernbrennstoff verwendet. Zur Charakterisierung der Ausgangsmaterialien sowie zur Untersuchung der Gehalte bei einzelnen Verfahrensschritten sind wichtige Verunreinigungen zu bestimmen. Zur Analyse von Elementspuren in diesem Material mittels Flammenabsorptionsspektroskopie bzw. Flammenemissionsspektroskopie ist eine Matrixvorabtrennung unumgänglich, da Uran durch Absorption von Strahlung bei verschiedenen Wellenlängen falsche Werte vortäuscht bzw. die Absorption von einigen Elementen unterdrückt. Die Abtrennung bedeutet gleichfalls eine Anreicherung der Elementspuren. Es mußte ein Abtrennverfahren gefunden werden, das eine quantitative Isolierung vieler Elemente in einem Arbeitsgang ermöglicht.

Nach der Abtrennung werden in der wäßrigen Phase die Gehalte folgender Elemente bestimmt: Ca, Cd, Co, Cr, Cu, Fe, K, Mg, Mn, Mo, Na, Pb, Zn. Die Messungen werden mit dem AAS 1N vom VEB Carl Zeiss Jena durchgeführt.

*) Vorgetragen auf der 3. Tagung „Nukleare Analysenverfahren" in Dresden, 11.—15. 4. 1983

[1]) Anschrift: 8051 Dresden, PF 19

Experimentelles

Aufarbeitung der Proben

Etwa 1 g UO_2 wird mit 1 ml konz. HNO_3 gelöst. Diese Lösung wird eingedampft, mit 10 ml 6 N HNO_3-Lösung aufgenommen und dreimal mit je 10 ml TBP/Benzin (33 Vol.-%) extrahiert. Die HNO_3-saure wäßrige Lösung wird fast bis zur Trockne eingedampft und mit $HClO_4$ (Riedel de Haen) abgeraucht, um die organische Substanz zu zerstören. Anschließend wird die Probe mit 2 Tropfen konz. HCl aufgenommen und mit 0,1 N HCl auf das gewünschte Volumen aufgefüllt. Die Bestimmung der Elemente Cr, Cd, Co, Pb und Mo erforderte den Einsatz von ca. 2 g UO_2 und entsprechend größere Chemikalienmengen.

Für eine möglichst blindwertfreie Abtrennung wurden in Quarzgefäßen bidestilliertes Wasser, Salpetersäure und Salzsäure verwendet. Das Extraktionsgemisch wurde vorgereinigt durch dreimaliges Waschen mit 6 N HNO_3.

Effektivität der Abtrennung

Uran wird zu 99,2 bis 99,8% abgetrennt. Die Verunreinigungen gehen quantitativ in die wäßrige Lösung.

Tab. 1. Standardabweichungen RST

	Na	K	Ca	Mg	Mn	Zn	Cu	Fe	Ni	Cr	Cd	Co	Pb	Mo
RST %	7	20	9	20	15	8	4	15	10	5	10	2	7	10
Anzahl der Proben	7	7	7	7	7	7	7	7	7	5	4	4	4	4

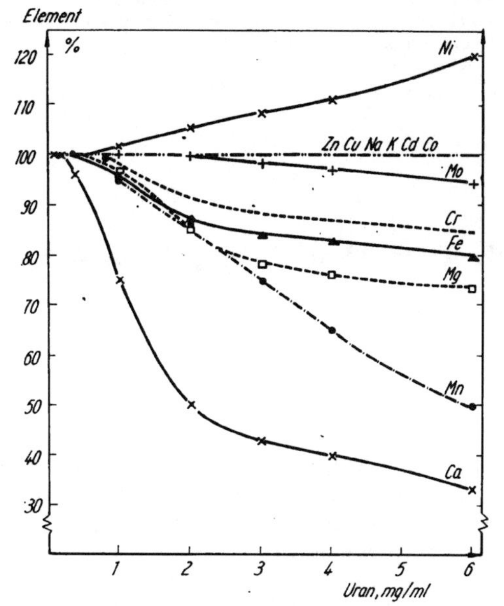

Abb. 1. Einfluß von Uran auf die quantitative Bestimmung verschiedener Elemente

Einfluß von Uranresten auf die Analyse

Abb. 1 zeigt den Einfluß von Uranresten, die in der wäßrigen Lösung verbleiben, auf die Bestimmung der einzelnen Elemente. Es ist ersichtlich, daß die Ca-Absorption bei Konzentrationen von 1 mg Uran/ml bereits auf 75% unterdrückt ist, während die Störungen durch diesen Uran-Gehalt bei den anderen Elementen vernachlässigbar sind.

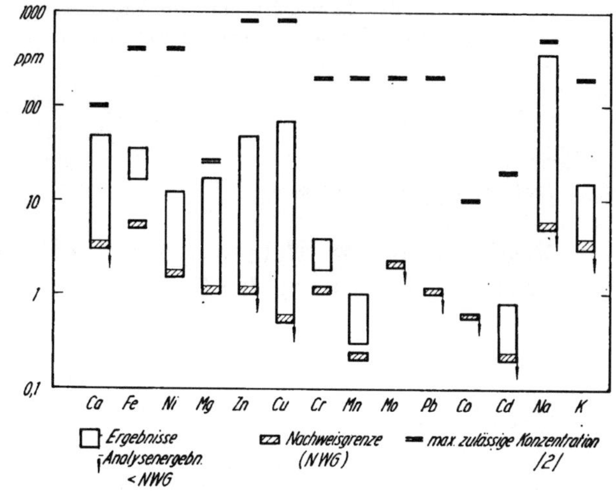

Abb. 2. Analysenergebnisse einiger UO_2-Proben

Ergebnisse

Die Analysenergebnisse und Nachweisgrenzen einiger UO_2-Proben sind in Abb. 2 dargestellt. Die relativen Standardabweichungen sind der Tab. 1 zu entnehmen.

Eingegangen am 12. 7. 1983

Literatur

[1] *C. R. Walkner, O. A. Vita*, Anal. Chim. Acta 43 (1968) 27

[2] *J. E. Rein, R. K. Zeigler, G. R. Waterbury*, Nuclear fuel quality assurance. IAEA-SR-7/1, Vienna 1976

Isotopenpraxis **20** (1984) 4, S. 131 bis 133

Anwendung der Isotopenverdünnung bei der alphaspektrometrischen und aktivierungsanalytischen Bestimmung von Neptunium-237 im bestrahlten Kernbrennstoff*)

U. Niese, S. Niese

(Zentralinstitut für Kernforschung, Rossendorf)[1]

Die Neptuniumbestimmung in Lösungen von abgebranntem Kernbrennstoff wird mit Hilfe der Neutronenaktivierungsanalyse nach erfolgter Abtrennung und des ^{237}Np mittels Alphaspektroskopie vorgenommen. Die Trennausbeute wurde in beiden Fällen durch Zusatz von ^{238}Np oder ^{239}Np als Tracerisotop bestimmt.

The determination of neptunium in burnt fuel solution is carried out with the help of neutron activation analysis after separation of ^{237}Np. This method is compared with the alpha spectroscopy. In both methods the recovery was determined using ^{238}Np or ^{239}Np as a tracer.

Keywords

activation analysis; alpha spectroscopy; fission products; isotope dilution; neptunium 237; quantitative chemical analysis; reprocessing; spent fuel elements; TTA

1. Einleitung

Die Bestimmung von Neptunium im Kernbrennstoff ist notwendig, um die Menge des gebildeten Elementes zu kennen und einen Überblick über den Verbleib dieses Elements bei den einzelnen Prozeßschritten der Wiederaufarbeitung zu erhalten.

Der bestrahlte Kernbrennstoff enthält schon nach einigen Wochen Abkühlungsdauer nur das langlebige ^{237}Np-Isotop, das nach den Reaktionen

$^{235}U(n, \gamma)\ (n, \gamma)\beta^-$; $^{238}U(n,2n)\beta^-$; $^{241}Am\ \alpha$ entsteht.

^{237}Np ist ein Alphastrahler und eröffnet eine Zerfallsreihe

$$^{237}Np \xrightarrow[2{,}14\cdot10^6 a]{\alpha} {}^{233}Pa \xrightarrow[27 d]{\beta^-} {}^{233}U \xrightarrow[1{,}6\cdot10^5 a]{\alpha} \dots \rightarrow {}^{209}Bi.$$

Seine spezifische Aktivität beträgt 26,1 Bq/µg.

Bei einem Abbrand von 17000 MWd/t Uranium werden 100 bis 300 ng Np pro mg U gebildet [1].

Für Untersuchungen, bei denen nur geringe Mengen des Kernbrennstoffs zur Verfügung stehen, ergibt sich die Forderung nach einer empfindlichen und genauen Bestimmungsmethode. Radiochemische Methoden, die entweder auf der alphaspektroskopischen Bestimmung [6] von ^{237}Np oder auf der Messung der durch erneute Reaktivierung gebildeten Nuklide ^{238}Np [4, 7, 9] bzw. ^{238}Pu [10] beruhen, sind den spektralphotometrischen und elektrochemischen Methoden überlegen [2; 3].

Die herkömmliche alphaspektroskopische Methode soll im folgenden mit der von uns beschriebenen aktivierungsanalytischen Bestimmung [4] verglichen werden.

2. Experimentelles

2.1. *Herstellung der Tracer*

Zur Bestimmung der chemischen Ausbeute nach der Isotopenverdünnungsmethode wird der Probe ^{238}Np oder ^{239}Np als Tracernuklid zugesetzt.

Die Herstellung von ^{239}Np geschah durch Bestrahlung von ^{238}U, wobei ^{239}Np nach $^{238}U(n, \gamma)^{239}U\ \beta^-\ ^{239}Np$ gebildet wird ($\sigma = 2{,}7$ barn). Bis zu 20 Tagen nach Bestrahlungsende war die Verwendung des ^{239}Np ohne vorherige Abtrennung möglich, danach erfolgte sie in der gleichen Weise wie auch die Neptuniumabtrennung aus der Kernbrennstofflösung vorgenommen wurde.

Das ^{238}Np wurde durch Bestrahlung von Neptunium nach $^{237}Np(n, \gamma)^{238}Np$ ($\sigma = 167$ barn) hergestellt. Eine abgewogene Menge $^{237}NpO_2$ (Technocommerz SU) wurde in einem Gemisch von konz. HCl und HNO_3 in der Wärme gelöst, bis zur Trockne eingedampft und mit 0,5 N $HClO_4$ aufgenommen.

2.2. *Abtrennung des Neptuniums aus der Kernbrennstofflösung*

Die extraktive Abtrennung des Neptuniums aus der Kernbrennstofflösung erfolgte unter Zugabe von Tracer in Anlehnung an die Arbeiten von *K. A. Schneider* [5] und *F. L. Moore* [6] nach dem in Abb. 1 dargestellten Schema.

2.3. *Neutronenaktivierungsanalyse*

Die abgetrennte Neptuniumfraktion wurde bei einer Neutronenflußdichte von $8 \cdot 10^{13}\ n \cdot cm^{-2} \cdot s^{-1}$ 92 h bestrahlt. Nach einer Abklingzeit von 2 Tagen konnte die Probe gammaspektroskopisch gemessen werden.

Für die Ermittlung der Zählraten R wurden die 2 Photopeaks bei 985 keV und 1028 keV (einschließlich 1026,5 keV) gemeinsam ausgewertet.

Aus der Zählrate R der Probe, R_s des Standards, R_t und R_e des zugefügten Tracers vor und nach der chemischen Trennung, der Masse des Standards m_s und des zugefügten Tracers m_t wurde die Masse des Neptuniums in der Probe nach der Gleichung (1) ermittelt. (Die Aktivität des Tracers war vor der Messung der bestrahlten Probe abgeklungen.)

$$m = R \cdot \frac{m_s}{R_s} \cdot \frac{R_t}{R_e} - m_t \qquad (1)$$

---

*) Vorgetragen auf der 3. Tagung „Nukleare Analysenverfahren" in Dresden, 11.–15. 4. 1983

[1]) Anschrift: 8051 Dresden, PF 19

Abtrennung von Neptunium aus der Kernbrennstofflösung durch Extraktion

Probe: 200µl KB; 0,71 mg Uran
Tracer: ^{238}Np (zugegebenes ^{237}Np: 32,35 ng)
bzw.: ^{239}Np
KB – 20 µl + 1,5 ml 5N HNO_3 + 5 Tr. 2,2 M $Fe(NH_2SO_3)_2$ + 1 Tr. 5,5 M NH_2-NH_2

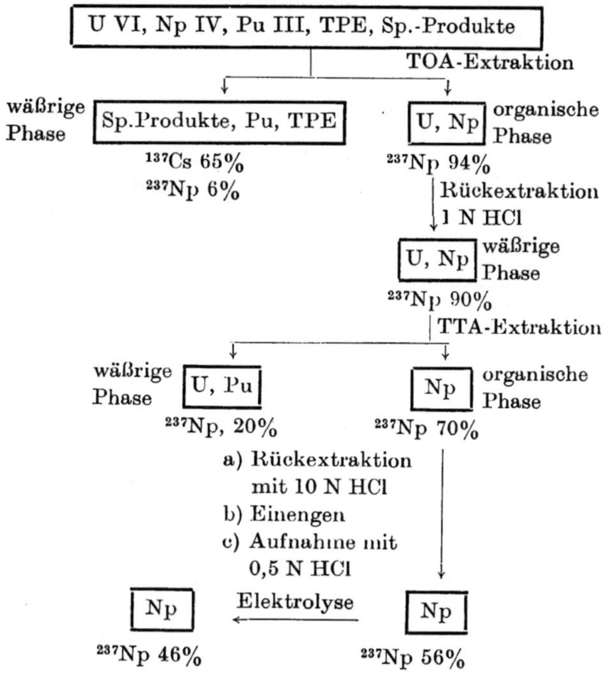

Abb. 1

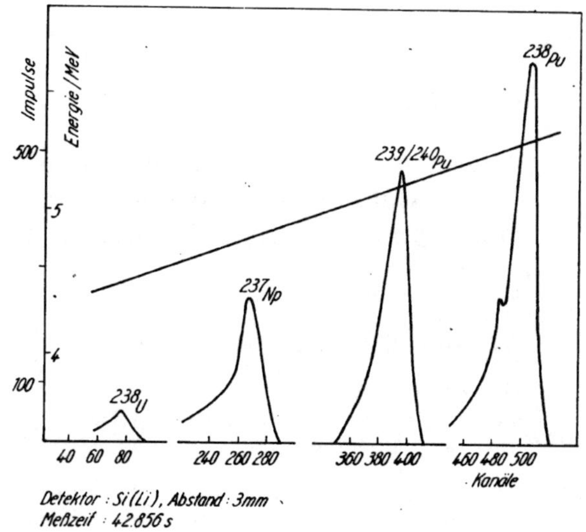

Abb. 2. Alphaspektrum der abgetrennten Neptuniumfraktion

2.4. *Alphaspektroskopische Neptuniumbestimmung*

Die Neptuniumfraktion wurde in ein Elektrolysegefäß überführt, und bei einer Stromdichte von 300 mA · cm^{-2} wurde die elektrolytische Abscheidung des Neptuniums auf V_2A-Stahlplättchen aus einer 0,75 M $(NH_4)_2SO_4$-Lösung vorgenommen. Die Elektrolysedauer betrug eine Stunde.

Die Messung der Alphaspektren erfolgte mit einem Si(Li) Driftdetektor, der über Vorverstärker sowie Hauptverstärker mit einem 4K-Speicher verbunden war. Die Energieauflösung wurde mit einem ^{210}Po-Präparat (Alphaenergie: 5,304 MeV) zu 25 keV festgestellt. In Abb. 2 ist das Spektrum einer alphaspektroskopischen Messung dargestellt. Im Spektrum sind neben ^{237}Np, noch ^{238}Pu, $^{239+240}Pu$ und ^{238}U zu erkennen.

Massenspektrometrisch wurde in der Probe das Verhältnis $m_{238}:m_{234} = 1{,}8 \cdot 10^4$ bestimmt. Damit konnte der Anteil an ^{234}U, der wegen der gleichen Alphaenergie wie ^{237}Np zu subtrahieren ist, berechnet werden.

Der Neptuniumgehalt (C_{Np} = ng Np/mg U) wurde nach Gleichung (2) ermittelt:

$$C_{Np} = \frac{(R_{\alpha 237} - R_{\alpha 238} \cdot K) \cdot G \cdot C \cdot a_{237}^{-1} - m_{237z}}{m_U} \quad (2)$$

Die Zählraten $R_{\alpha 237}$ (^{237}Np) und $R_{\alpha 238}$ (^{238}U) wurden aus den Flächen der Alphapeaks bei 4,78 MeV bzw. 4,20 MeV erhalten. Die Konstante K ergibt sich aus dem Verhältnis der Zerfallskonstanten, multipliziert mit den Übergangswahrscheinlichkeiten für die Alphastrahlung des ^{234}U und ^{238}U sowie dem massenspektrometrisch gemessenen Atomzahlverhältnis zu

$$K = \frac{\lambda_{234}}{\lambda_{238}} \cdot \frac{\omega\alpha_{234}}{\omega\alpha_{238}} \cdot \frac{m_{234}}{m_{238}} = 2{,}2$$

Der Geometriefaktor G der Alphamessung wurde mit einem ^{241}Am-Standard ermittelt, dabei war $G = \frac{1 \text{ Ips}}{12{,}1 \text{ Bq}}$. C ist die chemische Ausbeute der Trennung und der elektrolytischen Abscheidung des ^{237}Np. Sie wurde durch die Messung der Zählraten $R_{\gamma 238z}$ vor der chemischen Trennung und nach der chemischen Trennung $R_{\gamma 238c}$ (einschließlich elektrolytische Abscheidung) bestimmt:

$$C = \frac{R_{\gamma 238z}}{R_{\gamma 238c}} = 46{,}0\%$$

a_{237} = spezifische Aktivität des ^{237}Np.
a_{237} = 26,1 Bq/µg,
m_{237z} = zugesetzte ^{237}Np-Menge als Tracer,
m_U = durch coulometrische Messung ermittelte Uraniummenge des Kernbrennstoffes

3. Ergebnisse und Diskussion

In Tab. 1 sind die Ergebnisse der aktivierungsanalytischen und alphaspektroskopischen Neptuniumbestimmungen zusammengefaßt. Sie stimmen innerhalb der Fehlergrenzen der jeweiligen Methode überein.

Tab. 1. Ergebnisse der Neptuniumbestimmung

Methode	ng Np/mg U
NAA	203,1 ± 0,3
Alphaspektrometrie	181 ± 25

Die aktivierungsanalytische Methode der Neptuniumbestimmung ist der alphaspektroskopischen für die zu bestimmenden geringen Gehalte weit überlegen. Durch die Aktivierung des ^{237}Np nach: $^{237}Np(n, \gamma)^{238}Np$ wird die Empfindlichkeit der Analyse um 3–4 Größenordnungen erhöht. Das kurzlebige (2,12 d) ^{238}Np wird mit einem hohen Einfangquerschnitt von 167 barn gebildet. Trotz der geringeren Quantenausbeute von 0,5 als Summe der Photopeaks bei 985, 1026,5 und 1028 keV und einer geringeren Detektoreffektivität von 0,01 für Ge(Li) im Vergleich mit der Alphaspektroskopie (Effektivität von 0,10) sind nur 0,4 pg ^{237}Np in der NAA notwendig, um eine relative Standardabweichung von 5% zu erhalten (400 Impulse in 10^4 s); dagegen werden 6 ng ^{237}Np im Falle der alphaspektroskopischen Messung benötigt.

Eine weitere radiometrische Np-Bestimmung ist die Gammaspektroskopie des nach der Einstellung des Mutter-Tochter-Gleichgewichtes gebildeten ^{233}Pa. (Photopeak bei 311,9 keV, Quantenausbeute 0,4). Um bei der Bestimmung unter gleichen Meßbedingungen ebenfalls eine relative Standardabweichung von 5% zu erhalten, sind jedoch 100 ng ^{237}Np für die Bestimmung notwendig.

Bei allen Methoden ist eine Abtrennung des Neptuniums von den Spaltprodukten, einem Uraniumüberschuß im Verhältnis von $1:2 \cdot 10^4$, einem Plutoniumüberschuß von 1:20 und von den höheren Aktinoiden notwendig.

Die Verunreinigung des Neptuniums mit Uranium wirkt sich jedoch bei der alphaspektroskopischen Messung wegen der gleichen Alphaenergie von ^{237}Np und ^{234}U viel störender aus. ^{234}U wird sowohl bei der Kernbrennstoffherstellung gemeinsam mit ^{235}U angereichert als auch durch eine (n,2n)-Reaktion aus ^{235}U gebildet.

Auch die Probenherstellung ist für die gammaspektroskopische Messung einfacher als für die alphaspektroskopische.

Als eine Methode, die mit der aktivierungsanalytischen Neptuniumbestimmung konkurrieren kann, ist die massenspektrometrische Isotopenverdünnungsanalyse anzusehen [7], die jedoch wegen der kompizierten Herstellung der Spikeisotope ^{235}Np und ^{236}Np durch eine (d,2n)- bzw. (d,n)-Reaktion aus ^{235}U in den Vergleich nicht mit einbezogen wurde.

In Tab. 2 wird der von uns gefundene Gehalt mit einem von *Stepanow* und Mitarbeitern [11] erhaltenen Wert verglichen. Unser Wert ist entsprechend dem niedrigeren Abbrand und der geringeren Anreicherung des Brennstoffs niedriger. Ein Vergleich mit berechneten ^{237}Np-Gehalten konnte nicht vorgenommen werden, da dieses Nuklid bisher nicht in die entsprechenden Abbrand-Rechenprogramme aufgenommen worden ist.

Tab. 2. Neptuniumkonzentration bei unterschiedlichem Abbrand

Brenn-stoff-Typ	Lit.	Anreiche-rung	Abbrand % fima	C_{Np} ng/mg U
WWER 70	–	2% ^{235}U	1,37	203
WWER 440	[11]	36% ^{235}U	3,38	439

Eingegangen am 12. 7. 1983

Literatur

[1] *J. Peka*, Proc. RGW-Konferenz „Untersuchungen auf dem Gebiet der Wiederaufarbeitung abgebrannten Kernbrennstoffs". 1 (1972) 26 Marienbad (ČSSR) 10.–14. 5. 1971

[2] *G. W. C. Milner, J. Phillipsin, H. W. Nürnberg*, "Advances in Analytical Chemistry" London: MacGrow Hiel 1974, S. 60

[3] *Ph. Chauchetier*, J. Radioanal. Chem. 51 (1979) 225

[4] *U. Niese, S. Niese*, J. of Microprobe Techniques 1 (1983) 4

[5] *R. A. Schneider*, Anal. Chem. 34 (1962) 522

[6] *F. L. Moore*, Anal. Chem. 29 (1957) 941

[7] *J. H. Landrum, M. Lindner*, N. Jones, Anal. Chem. 41 (1969) 840

[8] *R. E. Cofield*, Health Physics 9 (1963) 283

[9] *H. Ruf, M. Friedrich*, Nuclear Technology 37 (1978) 79

[10] *P. Guay, F. Pinell*, J. Radioanal. Chem. 16 (1973) 89

[11] *A. W. Stepanow, T. P. Makarova, A. A. Lipovskij, G. A. Akopov, B. A. Bibitschev, A. W. Lovzus, S. A. Nikitina, L. D. Preobpaschenskaja, B. N. Belaev, M. W. Rischinskij, A. M. Fridkin*· Radiochimija 24 (1982) 656

Isotopenpraxis 20 (1984) 4, S. 133 bis 135

The Elimination of the Matrix Effect in X-Ray Fluorescence Analysis by Means of Backscattering*)

V. Kliment, R. Šandrik

(Institute of Physics EPRC of the Slovak Academy of Sciences Bratislava)¹)

The possibilities of the matrix effect elimination by means of the backscattering were studied for the liquid samples. The influence of different elements in various concentrations on K_αCo intensity was investigated. The used corrections improve the analytical results.

Die Möglichkeit der Beseitigung des Matrix-Effektes mit Hilfe der Rückstreuung wurden anhand von flüssigen Proben untersucht. Der Einfluß verschiedener Elemente in unterschiedlichen Konzentrationen auf die K_αCo-Intensität wurde geprüft. Die angewandten Korrekturen verbessern die analytischen Ergebnisse.

Keywords

interfering elements; nondestructive analysis; X-ray fluorescence analysis

1. Introduction

The dependance of characteristic radiation intensity of investigated element on its concentration in the sample is, due to matrix effects, mostly nonlinear. The methods of empirical coefficients as well as the fundamental parameters methods are often used in last time in order to eliminate the matrix effect in X-ray fluorescence analysis. These methods have the disadvantage that their utilization requires to know all elements contained in the sample. Thereby their application is limited to such systems where the

*) Presented at the 3rd Symposium on "Nuclear Analytical Methods", April, 11–15, 1983 in Dresden

¹) Address: 84228 Bratislava, Czechoslovakia

characteristic lines of all included elements can be seen in the measured spectrum. In many systems – especially in solutions and biological materials – there are large concentratious of elements with low Z which characteristic radiation are not detectable in the spectrum.

The presence of these elements, however, affects the effective atomic number Z_{ef} thus enabling to obtain an information about the elements because both coherent and incoherent scattering of excited radiation are functions of Z_{ef} [1, 2].

Such an approach has been used for the solution of matrix effects of analytical systems with known matrices [3–5]. This paper is concerned with solution of this problem in the matrices of unknown composition.

A liquid samples were used in our experiments in the order to avoid effects connected with grain size and sample inhomogeneity. The influence of some elements of various concentration on K_αCo intensity was investigated by means of evaluation of standard deviation of K_αCo intensity, corrected value for incoherent scattering (A) and corrected value for coherent scattering (B). The corrected value for incoherent scattering was obtained as a ratio of K_αCo and incoherent scattering peak intensities. After multiplying of this ratio by scattering peak intensity the corrected value for coherent scattering was obtained.

2. Experimental

^{109}Cd with activity of 400 MBq was used for the excitation of characteristic radiation. The semiconductor Si(Li) detector was used to detect radiation (Fig. 1). Amplified and shaped signals were recorded by a multichannel analyzer ND4420.

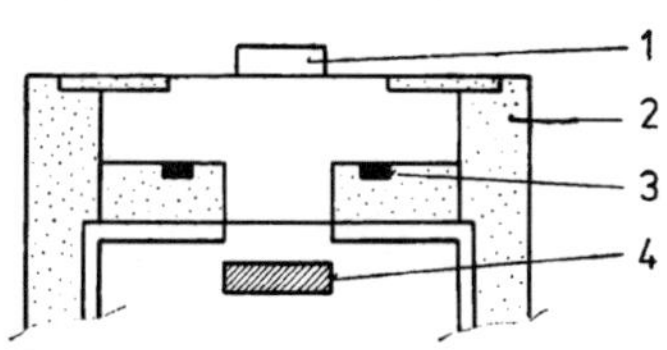

Fig. 1. Sample holder
1 – sample; 2 – Al body of the holder; 3 – ^{109}Cd; 4 – Si(Li) detector

The samples of solutions were measured in the PE capsules with bottom formed by Mylar foil 20 μm thick. The samples were prepared using nitrates or amonium salts of Li, Na, Ca, Co, Zn, Ba, Pb, Cl, Cr, Br and I. All samples were prepared from 5% supply solutions of these elements. The samples were measured 300 seconds. The area of K_α peaks and both incoherent and coherent scattering was determined by *Covell*'s method.

3. Results and discusion

Eight samples containing 2·5% Co were prepared for the determination of reproducibility of K_αCo areas measurements as well as corrected values for both coherent (B) and incoherent (A) scattering. The standard deviations s of determination of K_αCo peak area, A and B are 2·3%, 3·5% and 4·4% respectively.

The samples containing 2·5% Co and then 2·5% Li, Na, Cl, Ca, Cr, Zn, Br, I, Ba and Pb were prepared in the order to determine the influence of impurities on K_αCo intensity. The results are shown in Tab. 1.

According to characteristic radiation energy the elements in Tab. 1 can be divided into two groups. The first group consist of elements which cannot secondary excite cobalt

Tab. 1. Influence of different elements on K_αCo intensity (I-coherent scattering, C-coherent scattering)

Element	K_αCo counts	I counts	C counts	A	B
–	16951	67806	4975	0·250	1244
Li	16417	72877	5118	0·221	1132
Na	16128	71115	5166	0·227	1172
Cl	14838	68237	4953	0·217	1077
Ca	12573	67696	5685	0·186	1056
Cr	11762	60474	5304	0·194	1032
I	10561	56072	6527	0·188	1229
Ba	10697	55952	6550	0·191	1252
$\bar{x}$	13741			0·209	1149
s, %	18·7			8·6	7·6
Zn	16983	52914	5124	0·321	1645
Br	15989	43836	4327	0·365	1578
Pb	12863	36382	5610	0·354	1982
$\bar{x}$	15278			0·347	1735
s, %	14·0			6·6	12·7

(Li, Na, Cl, Ca, Cr, I, Ba). The elements of second group (Zn, Br, Pb) can secondary excite cobalt. The standard deviations for these groups are as follows:

First group: $s_{K\alpha Co} = 18{\cdot}7\%$, $s_A = 8{\cdot}6\%$, $s_B = 7{\cdot}6\%$
Second group: $s_{K\alpha Co} = 14{\cdot}0\%$, $s_A = 6{\cdot}6\%$, $s_B = 12{\cdot}7\%$

Clearly, the correction to incoherent scattering yields substantial decrease of standard deviation. In the case of coherent scattering correction only a little decrease of s in second group is observed. Tab. 1 shows that K_αCo intensity decreases with increasing atomic number of impurities. The elements of second group increase K_αCo intensity due to secondary excitation of Co.

The influence of concentration variation of impurities was investigated usin I and Pb. The samples containing 2·5% Co and 0% to 2·5% I or Pb were prepared from basic solutions. Results of these measurements are given in Tab. 2, 3.

Tab. 2. Influence of concentration variation of iodine on K_αCo intensity (I-incoherent scattering, C-coherent scattering)

Conc. I rel.	KjCo counts	I counts	C counts	A	B
0	14334	63375	4512	0·226	1021
1	11562	57546	4464	0·201	897
2	11022	52185	4572	0·211	966
3	10701	50559	4818	0·212	1019
4	10239	49920	5439	0·205	1115
5	10272	49659	4525	0·207	937
6	9072	47322	5640	0·192	1081
7	8193	46194	6432	0·178	1140
$\bar{x}$	10674			0·204	1022
s, %	17·1			7·0	8·4

Tab. 2 shows that a change of iodine concentration strongly influence K_αCo intensity ($s = 17{\cdot}1\%$). The correction to incoherent scattering the discrepancy of K_αCo determination decreased to $s = 7{\cdot}0\%$. The substantial improvement of accuracy of K_αCo intensity was also observed for lead (Tab. 3).

Tab. 3. Influence of concentration variation of lead on $K_\alpha Co$ intensity
(I-incoherent scattering, C-coherent scattering)

Conc. Pb rel.	$K_\alpha Co$ counts	I counts	C counts	A	B
1	17625	56768	5017	0.310	1558
2	16393	53515	4915	0.306	1506
3	13912	47345	5025	0.294	1477
4	11922	41425	5070	0.288	1459
5	11494	39842	4895	0.288	1412
6	11309	34796	5065	0.325	1646
7	10817	33678	4806	0.321	1544
$\bar{x}$	13353			0.305	1515
s, %	20.3			5.0	5.1

The positive influence of correction to coherent scattering confirms the dependance of $K_\alpha Co$ intensity on cobalt concentration in the sample (Fig. 2). This influence was examinated for solution containing 0.5 to 5% Co.

As a linearity criterion the constant value of $K_\alpha Co$/conc. of Co) ratio (or values corrected to coherent or incoherent scattering) can be taken. The linearity can be characterized by standard deviation s of this ratio in whole concentration range. The following standard deviations were found: $s_{K_\alpha Co} = 22.0\%$, $s_A = 2.4\%$ and $s_B = 4.4\%$.

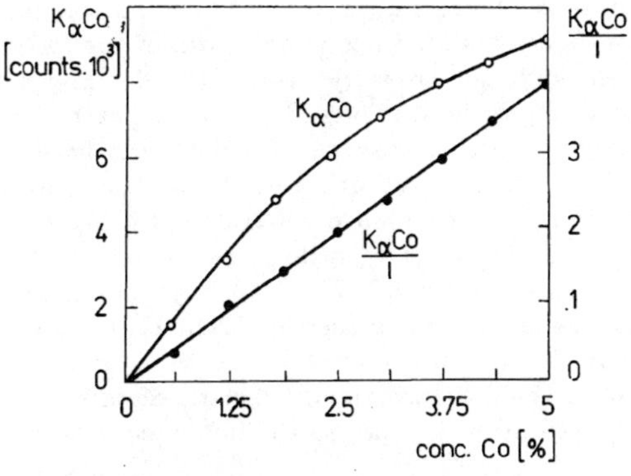

Fig. 2. The $K_\alpha Co$ and $K_\alpha Co$/I dependencies on the Co concentration

The obtained results demonstrate that corrections to coherent and incoherent scattering give more precise results Therefore this method is suitable for fast preliminary analysis of samples of unknow composition.

Received July 12, 1983

References

[1] *H. Meier, E. Unger*, J. Radioanal. Chem. **32** (1976) 413
[2] *G. Andermann, J. W. Kemp*, Anal. Chem. **30** (1958) 1306
[3] *B. Holynska, S. Kalita, M. Lankosz, A. Markowicz, M. Wasilewska*, J. Radioanal. Chem. **35** (1977) 361
[4] *B. Holynska, L. Langer*, Anal. Chim. Acta **40** (1968) 115
[5] *P. G. Burkhalter*, Anal. Chem. **43** (1971) 10

Isotopenpraxis **20** (1984) 4, S. 135 bis 138

Extraction Chromatography of Trace Concentration of Mercury(II)

Z. Šmejkal[1]), *J. Tauferová*[2]), *Z. Zeplá*[1])

([1]) University of Chemical Technology Pardubice, [2]) East Bohemian Water Treatment Enterprice Pardubice)

The separation of trace amounts of mercury(II) from water solutions has been studied in mixtures of other metal ions (concentration Hg(II) 10 µg/100 ml). The Hg(II) separation was carried out in glass columns filled with Synachrom E-5 carrier impregnated by the solution of bis(diethyldithiocarbamate)-copper(II)-complex in the mixture of 1,2-dichlorbenzene + cyclohexane (1:1). Trapped Hg(II) was eluted by HCl. The course of the chromatographic process was followed by gamma spectroscopy. The separation yields of Hg(II) were about 90%.

Die Abtrennung von Quecksilber(II)-Spurenmengen aus wäßrigen Lösungen wurde im Gemisch von anderen Metallionen (Konzentration Hg(II) 10 µg/100 ml) untersucht. Die Trennung von Hg(II) wurde in Glaskolonnen durchgeführt, die mit Synachrom E-5 Träger gefüllt und mit Lösung von Bis-(diäthyldithiocarbamat)-Kupfer(II)-Komplex im Gemisch von 1,2-Dichlorbenzol + Cyclohexan (1:1) imprägniert wurden. Ausgeschiedenes Hg(II) wurde mit HCl ausgewaschen. Der Verlauf des chromatographischen Prozesses wurde mittels Gammaspektroskopie verfolgt. Die Trennungsausbeute von Hg(II) betrug etwa 90%.

Keywords

absorption spectroscopy; copper complexes; drinking water; extraction chromatography; mercury

Introduction

Extraction chromatography is a suitable method for separation and concentration of any metal traces (for example mercury) from the aqueous solutions in which the nonpolar phase — the extraction agent — is based on the column of carrier. It is an application of extraction to the column chromatography. The principle of this method is as follows: the hydrophobic carrier is saturated with a complexing agent solution in anorganic solvent or in mixture of solvents, and the aqueous solution of the eluent is a mobile phase. This arrangement is denoted also as a reverse phase chromatography (RPPC). The extraction chromatography allows to perform separation and concentration of traces of elements when it is impossible to use a direct method for the trace analysis because of the presence of macrocomponents or because of too large dilution. A minor attention has been payed to the extraction chromatography of mercury in comparison with other elements. The most frequently occuring problem is the complete elution of

[1]) Address: 532 10 Pardubice, ČSSR

mercury trapped on the column. Therefore some authors perform the elution of others ions in the activation analysis and measure the rest of Hg activity on the column [1, 2]. Others choose the complete washing out of the based phase together with the mercury traped [3–7]. The selective elution of Hg without failure of the based phase is valuable for analytical practice because the column can be used many times [8–15]. The utilization of the replacing extraction equilibrium in extraction chromatography has many advantages. It is useful to utilize the experience from the study of extraction equilibrium [16, 17] while choosing the optimal variation. *Wyttenbach* and *Bajo* [18] studied systematically the extraction of cations with chlorophorm solutions of diethyldithiocarbamate-chelates of different metals. They payed attention also to the influence of some anions [19].

Experiments

1) *The separation of Hg(II) from the mixture of others metal ions*

The separation of Hg(II) traces by means of the extraction chromatography from mixture with others metals was followed by measuring of gama-activity of suitable radionuclids (^{203}Hg, ^{60}Co, ^{65}Zn, ^{125}Sb, ^{110m}Ag, ^{55}Fe, ^{207}Bi and ^{75}Se) of the mentioned metals by means of gama-spectroscopy. The separation follows the previous radiometric works [20, 21]. The different carriers and their grain size, organic solvents and eluents HCl and KI were examined. The influence of the column rate of troughflow and *p*H of solutions have been also studied.

Metals were selected whose value $1/n \cdot \log K_{ex}$ (K_{ex} – the extraction constant metal complex $M(dedtc)_n$, n – oxidizing number of metals) is [22]:

a) less than that of the Hg(II)-complex but higher than that of the Cu(II)-complex – for example Ag(I)
b) less than that of both the Hg(II) and Cu(II)-complexes – for example Sb(III), Co(II), Zn(II), Fe(II), Bi(III), Se(IV) (Tab. 1).

The process of chromatography was performed on the separation unit consisting of 10 columns 200 × 8 mm filled with the carrier Synachrom E-5 (copolymer styrene-divinylbenzene – the grain size 0·125–0·160 mm) impregnated with the solution of bis(diethyldithiocarbamate)-copper(II)-complex $Cu(dedtc)_2$ in the mixture of cyclohexane + 1,2-dichlorbenzene (1:1).

The activity of all liquids was measured discontinuously for 2 ml-fractions in glass ampullas with the spectrometric scintillation detector NKG 211 Tesla and Ge(Li)semiconductor detector.

Tab. 1. Extraction data of metal diethyldithiocarbamates [22]

Metal ion	$\log K_{ex}$ (CCl_4)	$1/n \cdot \log K_{ex}$	$\log \beta_{n,org}$
Hg(II)	31·94 ± 0·11	15·94	44·36
Ag(I)	11·90 ± 0·13	11·90	18·11
Cu(II)	13·70 ± 0·11	6·85	26·12
Bi(III)	16·79 ± 0·13	5·60	35·42
Zn(II)	2·96 ± 0·03	1·48	15·38
Co(II)	2·33 ± 0·06	1·16	14·75
Fe(II)	1·28 ± 0·13	0·64	13·50

$$\beta_{n,\,org} = \frac{[ML_n]_{org}}{[M^{n+}][L^-]^n}$$

$$K_{ex} = \frac{[ML_n]_{org}[H^+]^n}{[M^{n+}][HL]^n_{org}}$$

Detection signal was worked out by multichannel analyzer NTA 1024 and Canberra 8100.

Each 100 ml of the operating solution contained: 10 µg Hg spicked by ^{203}Hg; 1 ml 1 mol/l HCl; 10 µg of some other metal spicked with corresponding radionuclide.

Sorption and elution. The sorption of the solution was performed in the column with rate 6 ml/min. The elution was made with 20 ml of 6 mol/l HCl and 20–30 ml of water with rate 1,5 ml/min. A peristaltic pump Zalimp 315 assured flows of the liquids.

It was proved that the chosen metals with the value $1/n \cdot \log K_{ex}$ lower than that of the Cu(II)-complex went trough the columns without trapping up and their rest were washed up at the very beginning of the elution. The presence of other metals did not effect the elution. Silver which has higher value $1/n \cdot \log K_{ex}$ than Cu(II)-complex trapped with a very highdegree, the HCl elution was about 40–60% [23, 24] (Fig. 1). The reason of the relatively high value is that Ag(I) creates complexes with Cl^- which have rather high stability constante in comparison with other cations considered (logarithmus of the stability constante $\log \beta_{1,4} = 5{\cdot}48$ [25]). This fact does not interfere the AAS determination of Hg(II).

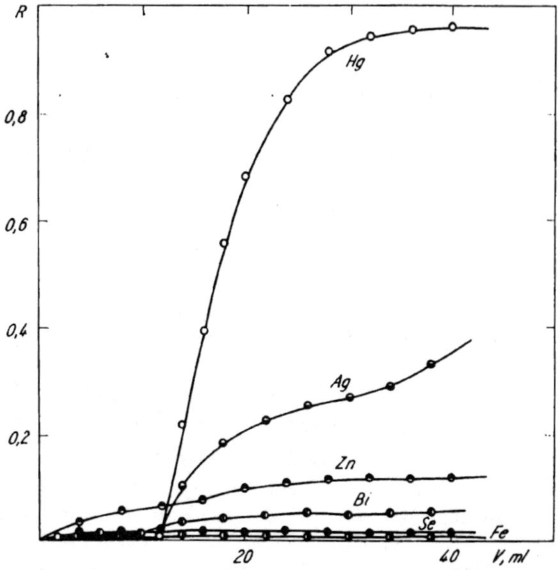

Fig. 1. The example of distribution curve of separation Hg(II) from mixture with Fe, Zn, Ag, Se, Bi on one column

The attained results agreed with theoretical presumptions that the metals with the value $1/n \cdot \log K_{ex}$ of their complex with diethyldithiocarbmate than that of Hg(II) do not effect the Hg(II) separation by bis(diethyldithiocarbamate)-Cu(II)-complex in columns (Tab. 2).

2) *The separation of Hg(II) from drinking water*

Based on this results, the method of separation and determination of Hg(II) in samples of drinking water of 1 liter volume was developed. The Hg-concentration in the artificial prepared samples used was 1000, 500 and 100 ng/l Hg and was chosen in accordance with the Czechoslovak

State Standard ČSN 83 06 11 Drinking Water and with the Government Law 25/75 concerning highest concentration of Hg in drinking water and in water works supplies.

Sorption and elution. Sample of 1 liter volume with 10 ml of 1 mol/l HCl went trough the column at the rate 12 ml per min. The effluents was trapped into the glass volumetric flask for 1 liter volume and fixed with 10 ml of concentrated HNO_3 and 2 ml of 5% solution of $K_2Cr_2O_7$.

Tab. 2. Yields of sorption and elution Hg(II) from the mixture of some metals

Exper. numb.	Metal	Numb. of exper.	Sorption $\bar{x}$, %	Sorption s, %	Elution $\bar{x}$, %	Elution s, %
1	Hg	5	98·82	0·14	86·15	2·48
2	Hg	5	97·11	2·07	87·50	5·22
	Sb		20·80	2·20	6·20	0·54
3	Hg	5	96·25	2·32	85·32	1·26
	Co		26·17	1·56	5·30	0·34
4	Hg	5	97·87	2·06	91.80	4·82
	Zn		28·86	1·96	4·94	0·31
5	Hg	5	99·64	1·88	93·16	6·40
	Ag		98·46	1·74	14·76	1·35
6	Hg	5	99·49	0·89	92·23	2·75
	Fe		21·61	2·71	1·70	0·44
7	Hg	3	99·92	0·46	90·27	2·64
	Fe		29·62	2·52	2·27	0·27
	Zn		13·94	1·56	1·03	0·06
8	Hg	3	99·71	0·05	94·00	1·27
	Fe		20·55	2·49	0·90	0·02
	Zn		11·56	1·91	0·75	0·07
	Ag		86·82	0·41	65·60	2·12
9	Hg	3	97·42	2·12	91·55	6·29
	Fe		19·68	1·43	4·65	0·52
	Zn		14·13	1·95	6·45	0·28
	Ag		56·94	4·44	38·25	4·00
	Bi		19·92	2·06	6·80	0·41
	Se		12·60	1·86	1·55	0·11

$\bar{x}$ — medium yield s — standard deviation

The elution was carried out with 50 ml of 3·0 mol/l HCl at the rate of throughflow 1·5 ml/min. The eluate was trapped into the 100 ml volumetric flask and fixed with HNO_3 and $K_2Cr_2O_7$ to make the same concentration of them as in case of the effluents. After the elution was over the column was rinsed with 50 ml of distilled water and thus prepared for a new extraction cycle. A blank sample was prepared at the same conditions (Tab. 3).

Mercury determination by flameless AAS. Mercury was determined by the cold-vapour technique with atomic absorption spectroscopy. The AA spectrophotometer Perkin-Elmer 603 with the additional apparatus Mercury-Hydride-System 1 (MHS-1) was employed.

The principle of the method has been described by *Hatch* and *Ott* [26] with $SnCl_2$ as a reducing agent. According to the type of matrix, the sample solution is treated with HNO_3 and H_2SO_4 so that the mercury is present in ionic form. Residual organically bound Hg can be oxidized with $KMnO_4$ or (and) $K_2S_2O_8$. After reducing Hg(II) into Hg(I) with NH_2OH the sample aliquote is installed into the MHS-1 that carriers out an automatical analysis dispensing a portion of 10%-solution of $SnCl_2$ into the sample and driving the mercury vapour into the heated quartz absorption cell where atomic absorption takes place at 253,7 nm [27].

Efficiency of the separation process was controlled using this method.

Separation of Hg in distilled and drinking water samples. Mercury was determine in samples of distilled water. The method was applied also for samples of drinking water of various provenince [28, 29] (Table 4).

Tab. 4. Determination Hg(II) in drinking and distilled water after the separation in column

samples numb.	medium yield Hg(II) (ng/l)	numb. of determ.	standard deviation (ng/l)	confidence interval $L_{1/2}$ ($\alpha = 0{\cdot}05$) (ng/l)
1	60·6	5	2·0	8·7
2	44·6	5	10·0	12·5
3	46·0	5	5·4	6·7
4	37·6	5	8·9	11·0
5	23·1	5	10·0	12·4
6	51·8	5	3·5	4·4
7	29·7	5	5·2	6·4
8	15·6	5	3·3	4·1
9	9·6	5	3·3	4·1
10	13·2	5	2·7	3·3

samples number 1–5 distilled water; 6–10 drinking water

Conclusion and Discussion

The described method of the extraction chromatography with bis(diethyldithiocarbamate)-copper(II)-complex based on the carrier Synachrom E-5 from solution made in cyclo-

Tab. 3. Determination Hg(II) in artificial prepared samples AAS after the separation in column

Exper. numb.	column feed Hg(II) ng/l	column feed Hg(II) mol/l	numb. of determ.	medium yield Hg(II) ng/l	standard deviation ng/l	confidence interval $L_{1/2}$ ($\alpha = 0{\cdot}05$) (ng/l)	relative error %
1	1000·0	$5{\cdot}0 \cdot 10^{-9}$	25	947·9	74·0	±30·5	−5·2
2	500·0	$2{\cdot}5 \cdot 10^{-9}$	50	476·4	43·4	±12·3	−4·7
3	100·0	$5{\cdot}0 \cdot 10^{-10}$	30	95·8	10·8	±4·0	−4·2

α — probability coefficient

hexan + 1,2-dichlorbenzene (1 :1) proved to be suitable for concentrating of Hg(II) from large volumes of samples of drinking water with consequent determination of Hg(II) by AAS cold-vapour technique. Rather high Hg concentration in distilled water is surprising. However, it is necessary to understand it as values of 10 times concentrated distilled water. The concentration measured in nonconcentrated distilled water is less then detection limit of the method, consequently, the Hg signal looses in noise in this case. Ten-times concentrated, the signal is high enough to be measured reliably.

It is impossible to expect that all samples of drinking water will be treated in this way as the concentration process needs rather long time. In most samples of drinking water, the Hg determination can be performed directly as the cold-vapour method is sensitive enough for determination of maximally allowed concentration 0·001 mg/l Hg. However, if it is necessary to check water-works supplies, where the tolerated maximum level is 0·0001 mg/l Hg, the utilization of this separation methods will be entirely inevitable.

Received July 12, 1983

References

[1] *I. Akaza* et al., Bull. Chem. Soc. Japan **46** (1973) 1199
[2] *V. Spěváčkova*, Thesis, ÚJV ČSAV Řež (1970)
[3] *H. Woidich, W. Pfannhauser*, Fresenius' Z. Anal. Chem. **31** (1972) 261
[4] *A. Chow, D. Buksack*, Can. J. Chem. **53** (1975) 1373
[5] *G. Knapp* et al., Anal. Chim. Acta **77** (1975) 293
[6] *J. M. Lo, C. J. Wei*, Anal. Chem. **49** (1977) 1146
[7] *E. S. Gureev* et al., Dokl. Akad. Nauk Uzb. SSR **9** (1976) 25
[8] *E. Cerrai, C. Testa*, Energia Nucleare 8 (1961) 510
[9] *A. L. Clingmann, J. R. Parish*, J. Appl. Chem. **13** (1962) 193
[10] *T. Honjo* et al., Bull. Chem. Soc. Japan **46** (1973) 1694
[11] *J. Starý* et al., Int. J. Environ. Anal. Chem. 2 (1972) 79
[12] *Y. Sekizuka* et al., Talanta **20** (1973) 979
[13] *K. Ueno* et al., Bunseki Kagaku **25** (1975) 820
[14] *I. P. Alimarin* et al., J. Radioanal. Chem. **11** (1972) 209
[15] *I. P. Alimarin* et al., J. Radioanal. Chem. **16** (1973) 273
[16] *A. Hulanicki*, Talanta **14** (1967) 1371
[17] *A. Wyttenbach, S. Bajo*, Anal. Chem. **46** (1975) 2
[18] *A. Wyttenbach, S. Bajo*, Anal. Chem. **47** (1975) 1813
[19] *A. Wyttenbach, S. Bajo*, Helv. Chim. Acta **56** (1973) 1198
[20] *Z. Šmejkal, M. Skalická*, Sb. Věd. Pr. Vys. Šk. Chemickotechnol., Pardubice **40** (1979) 181
[21] *Z. Šmejkal, Z. Teplá*, Sb. Věd. Pr. Vys. Šk. Chemickotechnol., Pardubice **45** (1982) 95
[22] *J. Starý, K. Kratzer*, Anal. Chim. Acta **40** (1968) 93
[23] *Z. Šmejkal, V. Židek, Z. Teplá*, Sb. Věd. Pr. Vys. Šk. Chemickotechnol., Pardubice **45** (1982) 107
[24] *D. Hostinská*, Dipl. work, VŠCHT, Pardubice (1983)
[25] *V. E. Mironov*, Radiochimija 4 (1962) 707
[26] *W. R. Hatch, W. L. Ott.*, Anal. Chem. **40** (1968) 2085
[27] *J. Tauferová, Z. Šmejkal*, Sb. Věd. Pr. Vys. Šk. Chemickotechnol., Pardubice **43** (1980) 87
[28] *Z. Šmejkal, J. Tauferová, M. Madová, Z. Teplá*, Collect. Czech. Chem. Commun. (in press)
[29] *Z. Šmejkal*, Thesis, VŠCHT, Pardubice (1981)

Isotopenpraxis **20** (1984) 4, S. 138 bis 140

Neutronenaktivierungsanalytische Bestimmung von Zink, Kupfer, Mangan und Gold im menschlichen Kopfhaar in den ersten Lebensjahren*)

E. Kauf[1]), *W. Wiesener*[2]), *S. Niese*[2])

([1]) Universitäts-Kinderklinik Jena [2]) Zentralinstitut für Kernforschung Rossendorf)

Die longitudinale, individuelle Verlaufsbeobachtung der Spurenelemente Zink, Kupfer, Mangan und Gold im Haar beim Neugeborenen, Säugling und Kleinkind erbringt in den etwa ersten 100 Lebenstagen bei den essentiellen Elementen Zink und Kupfer ebenso einen deutlichen Anstieg mit nachfolgendem Abfall bis ins Kleinkindesalter wie beim nicht-essentiellen Element Gold.

In the hair of 41 normal newborn children the trace elements zinc, copper, manganese, and gold were followed up longitudinally by neutron activation analysis, the samples (whole length of hair) being taken at the 1st day of life, between the 63th and 109th, the 200th and 240th, the 368th and 478th as well as between 700th and 881th day of life. The trace element changes in the hair of babies resulted in the remarkeble observation, that within the first 3 months of life zinc, copper and gold contents show a considerable increase, followed by a decrease.

Keywords

age groups; copper; gold; hair; infants; neutron activation analysis; trace amounts; zinc

Als eine Möglichkeit zur Erforschung des individuellen Spurenelementstatus wird für bestimmte Elemente — u. a. für Zink, Kupfer, Mangan — die Spurenelementanalyse des Haares sowohl beim Menschen [9] als auch beim Tier [1] angesehen. Für das Neugeborenen-, Säuglings- und Kleinkindalter liegen bisher nur wenige Ergebnisse von Spurenelementanalysen des Haares vor [5, 7, 13], wobei in den entsprechenden Altersgruppen vorwiegend Querschnittsuntersuchungen vorgenommen wurden. Wir untersuchten daher die Spurenelementgehalte im Säuglingshaar in einer Longitudinalstudie ausgehend vom Neugeborenen mit fortschreitendem Lebensalter.

Material und Methoden

Zur individuellen Verlaufsbeobachtung des Spurenelementgehaltes im Haar von Geburt an wurden von einer Gruppe

*) Vorgetragen auf der 3. Tagung „Nukleare Analysenverfahren" in Dresden, 11.–15. 4. 1983

[1]) Anschrift: 6900 Jena, Kochstr. 2

Mitteilungen / Information

CHINA WIRD MITGLIED DER IAEA

Die Volksrepublik China ist mit Wirkung vom 1. Januar 1984 Mitglied der IAEA geworden, nachdem sie eine Urkunde ueber die Annahme der Satzung der Organisation bei der Regierung der Vereinigten Staaten von Amerika hinterlegt hat. Einen Antrag auf Aufnahme in die IAEA stellte die Volksrepublik China am 5. 9. 1983, und am 11. 10. 1983 nahm die Generalkonferenz der Organisation die Empfehlung des Gouverneursrates, die Volksrepublik China in die IAEA aufzunehmen, durch Zuruf an. Die IAEA hat nunmehr 112 Mitgliedstaaten.
(IAEA-Pressekommunique 84/2)

IAEA-COMMUNICATION

An Advisory Group Meeting on Stable Isotope Reference Samples for Geochemical and Hydrological Investigations was convened by the IAEA in Vienna from 19 to 21 September 1983. The meeting, which was a follow-up of a similar meeting held in 1976 (R. Gonfiantini, Nature 271 (1978) 534-536) was chaired by I. Friedmann of the US Geological Survey, and was attended by 34 specialists from 14 countries. Intercalibration measurement of the H-2/H-1, O-18/O-16, C-13/C-12, N-15/N-14 and S-34/S-32 isotopic ratios were reported and discussed during the meeting. These measurements were carried out on samples of water, calcium carbonate, CO_2, barium sulphate, elemental sulphur and ammonium sulphate. All these samples are distributed by both IAEA, Vienna, and the National Bureau of Standards, Washington D.C., USA. The results obtained for a water sample (GIPS) confirm that the intercomparison of data among different laboratories improves considerably using a δ-scale based in two water reference samples (V-SMOW and SLAP), as recommended in the 1976 meeting. A new carbonate sample (NBS-19) to replace the no-longer available PDB is now being distributed. The following values are now recommended for its isotopic composition versus PDB: δO-18 =-2.20‰, δC-13 = +1.95‰. The need for new intercomparisons and other additional stable isotope reference samples was thouroughly discussed, and recommendations on the preparation and distribution of these new samples were formulated. The next meeting on the same subject has been tentatively scheduled for spring 1985 in Vienna. A copy of the meeting report can be obtained from R. Gonfiantini, IAEA, P.O. Box 100, 1400 Vienna, Austria.

Neues Praeparat:

[15N]AMINOESSIGSAEURE ALS REZEPTURSUBSTANZ

Mit Wirkung vom 24.11.1983 wurde das in-vivo-Diagnostikum [15N]Aminoessigsaeure ([15N]-Glycin) mit der Abgabebezeichnung und Kennziffer 15/04/461 in das beim Ministerium fuer Gesundheitswesen der DDR gefuehrte Arzneimittelregister eingetragen. Hersteller ist der VEB Berlin-Chemie.

Kurznachrichten / Newlets

Strahlenresistenz:

DER MECHANISMUS DER STRAHLENRESISTENZ VON MICROCOCCUS RADIODURANS

Das Bacterium Micrococcus radiodurans bleibt unter dem Einfluss von ionisierender Strahlung in Dosen von 6-7 kGy ohne merkliche Einschraenkung der Lebensfaehigkeit. Die in Frage kommenden Faktoren fuer die Strahlenresistenz (Besonderheiten der Zellwandstruktur, der Membranen, der DNA, Ueberfluss genetischer Informationen, Vervielfachung der DNA-Stellung zur Membran, hoher Anteil von Antioxydans- und Antiradikalsystemen) wurden analysiert. Es wurde festgestellt, dass die Leistungsfaehigkeit eines genauen, fehlerfreien, gut ausgewogenen DNA-Reparatursystems im Zusammenwirken mit den oben erwaehnten Eigenschaften der Zelle fuer die hohe Strahlenresistenz des Micrococcus radiodurans verantwortlich ist. (Biologičeskie nauki (1983) 10, S. 4-17, 84 Lit.; I.I. Samoilenko)

Umweltschutz:

KERNENERGIE ALS MITTEL GEGEN KLIMAKATASTROPHEN UND WALDSTERBEN

Im November 1983 erliess die Schweizerische Vereinigung fuer Atomenergie (SVA) den folgenden Aufruf, um die Vorteile der Kernenergie bei den kommenden energiepolitischen Entscheidungen in Rechnung zu stellen:
Bereits heute leistet die Kernenergie einen bedeutenden Beitrag zum Umweltschutz. So erreichte der Kohlendioxid-Ausstoss der gesamten Schweizer Energiewirtschaft dank der Kernkraftwerke im Jahr 1982 nur knapp drei Viertel des Wertes, der sich beim urspruenglich erwogenen Bau von Oel- und Kohlekraftwerken ergeben haette. Dies unterstreicht die SVA in einem Kommentar zu alarmierenden Berichten, wonach Kohlendioxide aus der Verbrennung von Kohle, Oel und Gas das Klima der Erde moeglicherweise schon bald dramatisch veraendern wird. Um dieser Entwicklung rechtzeitig Einhalt zu gebieten, sind mutige energiepolitische Entscheide zu faellen. Dazu gehoert nach Ansicht der SVA der Weiterausbau der Kernenergie, deren Beitrag zur Entschaerfung des Kohlendioxid-Poblems fuer die Zukunft sogar entscheidend sein koennte. Die SVA weist darauf hin, dass diese Forderung nicht nur auf die Reduktion der Kohlendioxidabgabe ausgerichtet ist. Auch die Abgabe von Schadstoffen wie Schwefeldioxid und Stickoxide, welche den sauren Regen und damit das Waldsterben mitverursachen, wird dank Kernenergie in aehnlichem Umfang eingedaemmt. Hier leisten die Kernkraftwerke ebenfalls bereits heute einen wichtigen Beitrag zum Schutze der Umwelt. Und weiter heisst es: "Wie stark der Kohlendioxidausstoss dank einer konsequenten Nuklearpolitik eingeschraenkt werden kann, zeigt besonders deutlich das Beispiel Frankreichs. Als Lehre aus der Erdoelkrise von 1973/74 wurde in diesem Land beschlossen, bis 1990 einen Drittel des gesamten Energiebedarfs mit Kernkraft zu decken. Heute steht das Programm in voller Relisierung. Die bereits in Betrieb stehenden Kernkraftwerke haben 1982 die Kohlendioxid-Abgabe um nicht weniger als einen Viertel verringert. Bis 1990 wird die Reduktion einen Drittel gegenueber 1972 erreichen".
(SVA-Bulletin (1983) 20, S. 3-4)

Kernenergie:

OESTERREICHISCHE WISSENSCHAFTLER UEBERREICHEN DER BUNDESREGIERUNG EIN PRO-KERNENERGIE-MEMORANDUM

Eine Delegation bestehend aus den Professoren Karl Buchtela und Helmut Rauch, Technische Universitaet Wien, sowie Harald Weiss, Technische Universitaet Graz, ueberreichte im Oktober 1983 Staatssekretaer F. Lacina ein Memorandum oesterreichischer Fachleute, Wissenschaftler und Techniker zur Frage der friedlichen Nutzung der Kernenergie in Oesterreich. Es wurde von mehr als 600 kompetenten Fachleuten unterzeichnet. Die friedliche Nutzung der Kernenergie ist jahrzehntelang so ausfuehrlich studiert und untersucht worden, dass sie heute besser bekannt ist als jede andere Technologie. Sie ist voll beherrschbar und kann auch in Zukunft zu keinen unbekannten und unvorhersehbaren Auswirkungen fuehren, heisst es unter anderem in der Stellungnahme der Experten. Die Kernenergie zaehle zu den umweltfreundlichsten und sichersten Energieformen, die Entsorgung und Abfallagerung sei heute ohne jegliche Umweltbelastung durchfuehrbar. (SVA-Bulletin (1983) 20, S.7)

Radiation exposure:
INDOOR RADON

A special issue of the journal Health Physics is devoted to the subject of Rn-222 in the indoor environment, its sources and transport properties, the production and behavior of its radioactive decay daughters, and the human population radiation exposure. In recent years, interest in this subject has been increasing rapidly because of the recognition that Rn daughter inhalation is a substantial contributor to the radiation exposure. The release of Rn from coal combustion, geothermal energy production, and the Ra-rich wastes from U-mining and milling and phosphate production are human activities which can affect the exposure. Of even greater significance is the widespread effort to reduce energy losses in buildings by lowering air infiltration rates, and effort that tends to increase Rn concentrations indoors. The papers presented in this special issue reflect the recognized need to understand the dynamics of Rn and its decay daughters in the indoor atmosphere, the effect of environmental factors and human activities on their concentrations, and the risk that may result from a given inhalation exposure under normal indoor conditions.
The issue is devided into 5 sections, which are concerned with particular aspects of the overall problem of indoor Rn:
- Indoor concentrations, exposures and risks (6 papers)
- Source characterization (5 papers)
- Survey of Rn and Rn daughter concentrations indoors (6 papers, 4 notes)
- Investigation of Rn daughter behavior (7 papers)
- Measurement techniques (4 papers, 6 notes).

(Health Physics 45 (1983) August, pp. 273-562)

DIE ROLLE DES RADONS Rn-222 ALS UMWELTFAKTOR - EINE UEBERSICHT VON A. WATZNAUER

Sitzungsber. der Saechs. AdW zu Leipzig, Math.-Nat. Klasse 116 (1983) 7, 34 S.

Semiconductors:
COSMIC RAY SIMULATION FOR SEMICONDUCTOR DEVICES

Scientists at Harwell, in cooperation with European Space Agency (ESA) engineers, have perfected a versatile and cheap technique for evaluating the LSI circuits used in space systems. The team have developed the use of a simple Cf-252 source to simulate the effects of cosmic ray bombardment on advanced memory and logic devices. The new technique will help ESA in selecting electronic components for its communications and research satellites and will provide an alternative to expensive accelerator methods of cosmic ray simulation. High density semiconductor devices are particularly vulnerable to disruption by the heavy ions in primary cosmic rays. With the Harwell Cf-252 technique an operating memory device is simply irradiated in a vacuum using a small radiation source. The spontaneous fission of Cf-252 produces a wide range of high energy ions with energies typical of those found in galactic cosmic rays. The memory device, linked to a microcomputer system and printer, is loaded have 'flipped' during irradiation.
(Atom (1983) 326, p. 288)

Synthetic rock:
ROCK ALTERNATIVE TO GLASS

Since a synthetic rock for the immobilisation of high level waste was announced by Professor Ringwood in 1978, SYNROC, as it is called, has cropped up from time to time in the literature and has been discussed at conferences. But vitrification seems to be the method of immobilising such wastes favoured by many countries despite advantages claimed for SYNROC-particularly in terms of leach-out rate. What exactly is SYNROC and why do its developers claim that it is superior to glass? SYNROC consists essentially of a number of minerals chosen because of their geochemical stability and their ability collectively to accept into their crystal structures nearly all the elements present in high level nuclear waste. The minerals are hollandite, perovskite and zirconolite. The typical composition of the starting material for SYNROC, SYNROC B is around 60 per cent by weight of TiO_2, ZrO_2, BaO, and Al_2O_3. (Atom (1983) 326, p. 290)

Ankündigungen / Announcements

NUCLEAR SCIENCE INFORMATION OF JAPAN (NSIJ) contains bibliographic references for current literature fallen within the INIS Subject Categories. The references appeared in about 2000 of scientific and technical journals and other publications in the country. For cooperation with INIS, those records with abstracts are sent regularly to the INIS Section IAEA in Vienna.
Address: Japan Atomic Energy Research Institute, Division of Technical Information Tokai-mura, Naka-gun, Ibaraki-ken 319-11 Japan.

Veröffentlichungen / Publications

STAATLICHES AMT FUER ATOMSICHERHEIT UND STRAHLENSCHUTZ DER DDR:

SAAS - 309

Zur Ausbreitung von Radionukliden im Untergrund - Subsurface migration of radionuclides. Compilation and valuation of analytical solutions to the transport equation and of distribution coefficients - 130 S.1983, D. Zappe und M. Petschel

SAAS - 310

Konzentration von Kernbrennstoffisotopen in Kassetten des Typs WWER-440 waehrend des Abbrands. Zahlenwerte und Genauigkeitseinschaetzung fuer die Kernmaterialkontrolle - 70 S., 1983, M. Burmester u.a.

SAAS - 311

Nuklidbezogene Freigrenzen fuer radioaktives Material - Nuclide-related exemption limits for radioactive materials - 24 S., 1984, S. Przyborowsky und R. Scheler

UNITED KINGDOM ATOMIC ENERGY AUTHORITY:

AERE-R 10940
Microbial activity in the upper chalk beneath Ingham landfill - June 1983, 12 pp. - J.F. Rees et al.

ETSU-R 12
Fuel cells. An appraisal of current research and future prospects - June 1983, 49 pp. - K.F. Langley

ETSU-R 15
The future role of hydrogen in the UK energy economy - June 1983, 64 pp. - K.F. Langley

Veranstaltungskalender – Tagungen – Lehrgänge / Calendar – Meetings – Courses

MEETINGS OF THE IAEA IN 1984

Seminar ueber GEWEBEBANKEN FUER STRAHLEN-

STERILISIERTE TRANSPLANTATE zur klinischen Anwendung, fuer Asien und den Pazifischen Raum (7.-11. Mai, QUEZON CITY/Philippingen)

Seminar ueber QUALITAETSKONTROLLE BEI RADIOIMMUNOANALYSEN, fuer Asien und den Pazifischen Raum (28. Mai - 1.Juni, KUALA LUMPUR/Malaysia)

Seminar ueber ERKENNUNG AUSSERGEWOEHNLICHER VORFAELLE AN KERNKRAFTWERKEN und Gegenmassnahmen (11.-15. Juni, Dresden/DDR)

Seminar der FAO und IAEA ueber Anwendung der STRAHLENSTERILISIERUNG ZUR BEKAEMPFUNG ODER AUSROTTUNG DER TSETSEFLIEGE, fuer Entwicklungslaender in Afrika (25.-29. Juni, LUSAKA/Sambia)

Seminar ueber ANWENDUNG VON ISOTOPENVERFAHREN BEI DER ERSCHLIESSUNG VON WASSERRESERVEN, fuer lateinamerikanische Laender (16.-27. Juli, BUENOS AIRES/Argentinien)

10th International Conference on PLASMA PHYSICS AND CONTROLLED NUCLEAR FUSION RESEARCH (12-19 Sep, LONDON, UK)

12th International HOT ATOM CHEMISTRY Symposium (23-28 Sep, BALATONFUERED/Hungary)

International Symposium on HIGH-DOSE DOSIMETRY (1-5 Oct, VIENNA/Austria)

Seminar der IAEA UND NEA ueber ferngesteuerte Geraete in ANLAGEN DES NUKLEAREN BRENNSTOFFKREISLAUFS (2.-5. Oktober, HARWELL/Grossbritannien)

Internationales Symposium ueber MESSUNG HOHER STRAHLENDOSEN (8.-12. Oktober, Wien, Oesterreich)

International Conference on RADIOPHARMACEUTICALS AND LABELLED COMPOUNDS (15-19 Oct, Japan)

5th International Meeting on RADIATION PROCESSING (21-26 Oct, SAN DIEGO, California/USA)

Seminar on REMOTE HANDLING EQUIPMENT FOR NUCLEAR FUEL CYCLE FACILITIES (22-25 Oct, HARWELL, Oxfordshire, UK)

Internationale Konferenz ueber RADIOPHARMAZEUTISCHE PRAEPARATE UND MARKIERTE VERBINDUNGEN (22.-26. Oktober, TOKIO/Japan)

4th Symposium on CLINICAL RADIATION PHYSICS with international participation (28 Oct-1 Nov, Binz, Ruegen Island, German Dem. Rep.)

International Symposium on the IMPLEMENTATION OF THE IAEA CODES OF PRACTICE AND SAFETY GUIDES FOR NUCLEAR POWER PLANTS (Nuclear Safety Standards) (29 Oct-2 Nov, Vienna/Austr.)

Interregionales Seminar ueber praktische Probleme bei der BEFOERDERUNG RADIOAKTIVER STOFFE (5.-8. November, WIEN/Oesterreich)

Seminar der FAO und IAEA ueber VERWENDUNG VON ISOTOPEN BEI UNTERSUCHUNGEN DER BIOLOGISCHEN STICKSTOFFIXIERUNG (12.-16. November, ANKARA/Tuerkei)

International Symposium in ASSESSMENT OF RADIOACTIVE CONTAMINATION IN MAN (19-23 Nov, PARIS/France)

Seminar on NUCLEAR POWER PLANT OPERATIONS MANAGEMENT (26-30 Nov, VIENNA/Austria)

International Symposium on AMERICIUM AND CURIUM SCIENCE AND TECHNOLOGY (16-22 Dec, HONOLULU, Hawaii/USA)

International Symposium on LANTHANIDE/ACTINIDE SEPARATIONS (16-22 Dec, HONOLULU, Hawaii/USA)

Seminar ueber ANWENDUNG VON ISOTOPENVERFAHREN UND GEOCHEMISCHEN METHODEN BEI DER UNTERSUCHUNG GEOTHERMISCHER RESERVEN, fuer lateinamerikanische Laender (ohne weitere Angaben)

Naehere Angaben sind bei den zustaendigen Behoerden der Mitgliedstaaten, z.B. dem Aussenministerium oder der Atomenergiebehoerde, bzw. auf direkte schriftliche Anfragen bei der Internationalen Atomenergie-Organisation, Postfach 100, Internationales Amtssitz- und Konferenzzentrum Wien, A-1400, Oesterreich, erhaeltlich.

N-15-WORKSHOP ZUM PROTEINSTOFFWECHSEL

21 Teilnehmer aus 14 Einrichtungen des Gesundheitswesens, der Universitaeten und der Akademie der Landwirtschaftswissenschaften beteiligten sich am "N-15-Workshop zur Bestimmung von Parametern des Proteinstoffwechsels bei Mensch und Tier", der am 6. und 7. 12. 1983 von der Arbeitsgemeinschaft "Stabile Isotope" unter Leitung von Prof. H. Faust am Zentralinstitut fuer Isotopen- und Strahlenforschung Leipzig der AdW der DDR abgehalten wurde. Der naechste N-15-Workshop ist fuer Ende 1984 zur fachspezifischen Thematik "Pflanze und Boden" an gleicher Stelle vorgesehen.

Ausgewählte Beiträge / Recently published papers

ATOMNAJA ENERGIJA 56(1984)3 (all in Russian)

An Automated System for Surveillance, Appraisal and Forecasting as the Basis for a system of Overall Protection of Environment and Health of the Population - E.I. Vorobyov et al.

Radioactive Contamination of the Marine Environment Near the Leningrad Nuclear Power Station in 1982 - S.M. Vakulovsky et al.

Neutron Moisture Control of Weakly Enriched UO_2 - V.V. Frolov et al.

Averaged Characteristics for the Slowing-Down of Low-Energy Electrons in Tissue-Equivalent Material - V.A. Pitkevich

Absorbed Energy of Gamma Radiation and Compton Electron Current to Gamma Radiation Induced by a Source of Neutrons in an Infinite Homogeneous Air Medium - A.V. Zhemerev

Pre-filtration in the Interpretation of Digital Gamma-Logging Data - I.M. Khaikovich et al.

On the Problem of Graduating Personal Dosimeters for Measuring Absorbed Dose of Photon Radiation - Y.P. Bakulin et al.

Comparative Investigation of the Defect Formation Process in SiO_2 During γ and n, γ Irradiation

The Possibility of Using Cosmic Background Neutrons in Sea-Water Studies - E.M. Filippov

RADIOCHIMIJA 25(1983)5

On some investigations of sorption of flotation reagents labelled by soft β-emitters on mineral surfaces - V.P. Korobochkin et al. (Russ.)

The extraction of transplutonium elements from carbonate solutions by primary amines - Z.K. Karalova (Russ.)

The content of strontium-90 and cesium-137 in waters of the Baltic Sea in 1979-81 - L.N. Lazarev et al. (Russ.)

The absorption of radionuclides Ce-144, Nb-95, Co-60 and Fe-59 by natural sorbents from sea water - A.N. Nesmeyanov et al. (Russ.)

The state of radionuclides in sea water. The behaviour of Co-65, Fe-59 and Mn-54 in mixtures of sea and river waters - L.K. Sed et al. (Russ.)

ATOM (1983)326

Under sodium viewer (taking pictures in liquid sodium) - J.A. McKnight et al.

World-Energy - a study in unequality.- I. Fells

The future of nuclear power - J. Morowski

British waste sites

Safeguards - a new profession

WATER, AIR, and SOIL POLLUTION 20(1983)2

Effects of 2,4D on nitrogen fixation and CO_2 evolution in a soil microcosm -J.L. Malanchuk and K. Joyce

MINERALIUM DEPOSITA 18(1983)Suppl.2

Stable isotope studies of sulphide mineralisation on the Leinster Granite Margin and some observations on its relationship to coticule and tournalinite rocks in the aureole - F.M. Williams et al.

Geochemical investigationes of paleozoic shales and carbonates in the Aachen region - V. Scheps et al.

MINERALIUM DEPOSITA 18(1983)3

Sulphur isotopic investigation of vein Pb/Zn mineralization at Tyndrum, Scotland - R.A.D. Pattrick et al.

J. INTERNAT. ASS. MATHEM. GEOLOGY 15(1983)6

Confidence limits for fission-track-dating - W.E. Bardsby

GEOCHEM. J. 17(1983)3

Deuterium fractionation between water vapor and hydrogen gas in fumarolic gases - Y. Mizutani

DEEP-SEA RES. 30A(1983)9

Vertical trends in particulate organic carbon C-13/C-12 ratios in the upper water column - A.W.A. Jeffrey et al.

EARTH PLANET. SCI. LETT. 65(1983)1

Comparison of ESR ages of corals from marine terraces with C-14 and Th-230-U-234 ages - M. Ikeya et al.

Th-230-U-238 disequilibrium systematics in oceanic tholei tes from 21° N on the East Pacific Rise - S. Newman et al.

Alpha-emitting Th isotopes in the Northwest Pacific Deep Waters - Y. Nozaki et al.

Be-10 concentrations and the long-term fate of particle-reactive nuclides in 5 soil profiles from California - M.C. Monaghan et al.

ANGEW. CHEM. 95(1983)11

Neue natuerliche Aminosaeuren - J. Wagner u.a.

Von Untersuchungen biochemischer Mechanismen zu neuen biologischen Mediatoren: Prostaglandinendoperoxide, Thermboxane u. Leukotriene (Nobel-Vortrag) - B. Samuelsson

Prostaglandine: Vom Labor zur Klinik (Nobel-Vortrag) - S. Bergstroem

Eine Bor-Kohlenstoff-Doppelbindung - H. Klusik u.a.

Aryl(hydrido)ruthenium-Komplexe durch C-H-Addition: Isolierung eines viergliedrigen Metallacyclus als Zwischenstufe - H. Kletzin u.a.

J. CHEM. PHYSICS 79(1983)10

A quasiclassical trajectory study of the F + D_2 --> FD + D reaction - S. Ron et al.

Quantum mechanical rate constants for bimolecular reactions - W.H. Miller et al.

Electric and magnetic field effects in the IR multiphoton dissociation of CF_3D - P. Gozel et al.

J. CHEM. PHYSICS 79(1983)11

Three dimensional quantum mechanical studies of D + H_2 --> HD ++ H reactive scattering. V. Cross sections and rate constants from the adiabatic T matrix theory - J.C. Sun et al.

Ab initio studies of excited states of polyatomic molecules including spin-orbit and multiplet effects: The electronic states of UF_6 - P.J. Hay

A calculation of the self-diffusion coefficient for a dilute solution of Brownian particles - G.T. Evans et al.

GEOCHIM. COSMOCHIM. ACTA 47(1983)11

Isotopic and incompatible element crustraints on the genesis of island arc volcanics from Cold Bay and Amak Island, Aleutians, and implications for mantle structure - J.D. Morris et al.

Sulphur isotope effects in the high temperature oxidation of troilite - C.E. McEwing et al.

GEOCHEM. J. 17(1983)4

Simultaneous determinations of the concentration and isotope ratio of sulfate-and sulfide-sulfur and carbonate-carbon in geological samples - A. Ueda et al.

ATMOSPHERIC ENVIRONMENT 17(1983)11

Tracer techniques for estimating emissions from inaccessible ground level sources - F.L. Ludwig et al.

METABOLISM CLINICAL AND EXPERIMENTAL 32(1983)8

The human metabolic response to chronic ketosis without caloric restriction: Physical and biochemical adaptation (Using [C-13] Glucose) - S.D. Phinney et al.

Tab. 1. Spurenelementgehalt des Säuglingshaares [μg/g] mit steigendem Lebensalter

Mittleres Lebensalter der Gruppe, d (Altersbereich)		1 (1–1)		83 (63–109)		224 (200–240)		402 (368–478)		748 (700–881)
Zink arithm.	$\bar{x}$	212		850		251		150		87
arithm.	s	63	$p < 0{,}01$	341	$p < 0{,}01$	116	$p < 0{,}01$	84	$p < 0{,}01$	42
	n	41		12		14		20		34
Median	M	193		780		221		137		77
Bereich	B	145–456		354–1352		84–498		30–392		26–172
Kupfer	$\bar{x}$	8,1		19,8		9,2		8,87		9,6
	s	2,3	$p < 0{,}001$	13,4	$p < 0{,}01$	2,3	$p > 0{,}05$	4,01	$p > 0{,}05$	3,2
	n	41		12		14		19		35
	M	7,6		14,9		8,8		8,6		8,8
	B	6,1–21,3		8,5–50,4		6,5–14,2		3,8–18,9		4,8–17,4
Mangan	$\bar{x}$	0,21		0,25		0,47		0,29		0,42
	s	0,37	$p < 0{,}01$	0,10	$p > 0{,}05$	0,28	$p > 0{,}05$	0,19	$p < 0{,}05$	0,28
	n	32		6		13		11		34
	M	0,095		0,265		0,29		0,23		0,40
	B	0,04–1,42		0,11–0,38		0,08–1,00		0,04–0,61		0,06–1,31
		⊢		$p < 0{,}001$		⊣				
Gold	$\bar{x}$	0,009		0,142		0,118		0,038		0,042
	s	0,006		0,157		0,171		0,030		0,035
	n	41	$p < 0{,}001$	12	$p > 0{,}05$	14	$p < 0{,}01$	20	$p > 0{,}05$	35
	M	0,007		0,081		0,068		0,035		0,029
	B	0,002–0,025		0,010–0,526		0,011–0,694		0,003–0,125		0,004–0,152

41 normaler Jenaer Neugeborener (>2500 g Geburtsgewicht, normale Schwangerschaft) am 1. Lebenstag (LT) und bei einigen dieser Kinder in den Zeitabschnitten 63–109 LT, 200–240 LT, 368–478 LT und 700–881 LT Haarproben am Hinterkopf unmittelbar über der Kopfhaut mit einer Edelstahlschere entnommen.

Die Elementgehalte wurden mittels Neutronenaktivierungsanalyse bestimmt. Die Proben (ganzes Haar, Einwaagen zwischen 7–50 mg) wurden nach einer von der IAEA empfohlenen Vorschrift [12] nacheinander je 10 min mit Aceton, dreimal mit tridestilliertem Wasser und Aceton gewaschen, 2 h bei 80 °C getrocknet und anschließend in Quarzampullen eingewogen. Die Bestrahlung wurde im Rossendorfer Forschungsreaktor gemeinsam mit Standards durchgeführt. Die Bestrahlungszeit betrug 1 h bei einer Neutronenflußdichte $\Phi_{th} = 6 \ldots 8 \cdot 10^{13}$ ncm^{-2}s^{-1}. Zur Aktivitätsmessung gelangten die Proben zerstörungsfrei. Sie wurden in Tüten aus Polyäthylenfolie umgefüllt und mit einem 4096-Kanal-Speicher unter Verwendung eines 18 cm^3 Ge(Li)-Detektors gammaspektrometriert. Die Meßzeiten lagen zwischen 100 und 400 s. Die gesuchte Elementkonzentration errechnet sich aus der Intensität der Gammastrahlung durch einen Vergleich mit der Aktivität des mitbestrahlten Standards [8, 14].

Die Ernährung der Kinder erfolgte nach einem einheitlichen Schema. Nach einer Stillzeit von etwa 4–6 Wochen bekamen die Säuglinge künstliche Flaschennahrungen (zumeist Ki-Na^R = 12 mg Fe/l, 2,2 mg Zn/l, 9,1 μg Cu/l; [6]), die erste Gemüsebreimahlzeit wurde ab 12. Lebenswoche gefüttert.

Die statistische Bearbeitung der Spurenelementmeßergebnisse ergab in den kleinen Untersuchungsgruppen keine zu beweisenden Normalverteilungen (Chi^2-Test), so daß Signifikanzberechnungen mit dem *Mann-Whitney*-Test vorgenommen wurden.

Ergebnisse

Die Daten in Tab. 1 zeigen einen erheblichen, statistisch signifikanten und miteinander korrelierenden Anstieg der essentiellen Spurenelemente Zink und Kupfer im Haar etwa in den ersten 100 LT mit nachfolgendem Abfall. Bei den Neugeborenen fanden wir keine geschlechtsdifferenten Haarspurenelementgehalte. Auch in höherem Lebensalter ließen sich Unterschiede der Haarspurenelementgehalte zwischen männlichen und weiblichen Probanden statistisch (noch ?) nicht sichern, so daß die Ergebnisse in einer Gruppe zusammengefaßt wurden, obwohl in der Tendenz die mittleren Haarzinkwerte bei männlichen Säuglingen in den ersten 3 Lebensmonaten höher als bei weiblichen ansteigen (männlich 880 ± 377 μg Zn/g Haar gegenüber weiblich 740,6 ± 325 μg/g) und in der Gruppe 748 LT tiefer abfallen (männlich 90,15 ± 97,38 μg/g gegenüber weiblich 125,62 ± 86,8 μg/g). Der Haarmangangehalt weist insgesamt weniger Dynamik auf, wobei zwischen Geburt und der Gruppe 83 LT ein leichter, zwischen Geburt und der Gruppe 224 LT ein deutlicher Anstieg statistisch zu sichern ist. Erstaunlicherweise zeigt sich beim Gehalt des nichtessentiellen Edelmetalls Gold im Säuglingshaar ein analoger Verlauf wie bei den Elementen Zink und Kupfer.

Diskussion

Die bei den Neugeborenen ermittelten mittleren Haarzink- und -kupfergehalte zeigen eine relativ geringe Standardabweichung, befinden sich mit anderen weltweiten Ergebnissen [5, 7, 13] in guter Übereinstimmung und repräsentieren damit die geschützten Verhältnisse der foetoplacentaren Einheit bzw. die gewebliche Eigenart des Neugeborenenhaares, die ziemlich unabhängig von der Größe der individuellen zur Geburt vorhandenen Spurenelementdeopts ausgeprägt sein muß, da auch Frühgeborene mit nachweislich reduzierten Depots gleiche Haarzink- und -kupfergehalte aufweisen [4]. In den ersten 3 Lebensmonaten finden beim Säugling erhebliche Spurenelement-Depotumlagerungen (z.B. Verminderung des Leber-Kupfergehaltes mit Anstieg des Serumkupfers, Zerfall der foetalen Erythrozyten und Freisetzung von Eisen und Zink) neben hormonellen Anpassungsvorgängen (z.B. kurzzeitige hohe Testosteronproduktion der Hoden bzw. mäßige Östradiolsekretion der Ovarien) statt. Wir möchten die in der Gruppe 83 LT deutlich angehobenen Haarzink- und -kupfergehalte im Hinblick auf diese physiologischen Abläufe interpretieren, zumal bekannt ist, daß einerseits lineare Beziehungen zwischen Serumtestosteron und Haarzinkgehalten bestehen [2] bzw. bei kastrierten Tieren der Zinkgehalt verschiedener Gewebe abfällt und andererseits Erhöhungen der Östrogene, z.B. bei exogener Zufuhr mit Kontrazeptiva u. a., zum signifikanten Anstieg des Haarzinkgehaltes führen [10]. Da *Cheruvanky* et al. [3] bei Kindern mit Wachstumshormon(STH)-Mangel durch STH-Zufuhr einen Haarzinkanstieg bei gleichzeitig verminderter Urinzinkausscheidung nachweisen konnten, darüber hinaus bei anderen Kindern mit STH-Mangel die gleichzeitige Gabe von STH plus oralem Zink den Körperlängen-Wachstumseffekt steigerte, ebenso wie die Kombination STH-Therapie plus Testosteronmetabolite, ist bereits beim Säugling auch ein Einfluß des endogen gebildeten STH, insbesondere in Kombination mit Testosteron auf den Zinkstoffwechsel zu vermuten. Der von uns beobachtete starke Anstieg des Goldgehaltes im Säuglingshaar könnte ebenfalls im Zusammenhang mit den genannten komplexen, anabolen Hormonwirkungen stehen und/oder eine direkte metabolische Beziehung zum Zinkstoffwechsel im Haar haben. *MacDonald* et al. [11] beobachteten beim Vergleich von gestillten und künstlich ernährten Säuglingen (vom 1. bis 6. Lebensmonat) einen signifikanten Abfall des jeweils im 2 cm langen, kopfnahen Haarstück gemessenen Zinkgehaltes (von 173 µg/g auf 163 µg/g) nur bei den künstlich ernährten männlichen Kindern und interpretieren dies als ernährungsbedingten Einfluß auf den Verlauf des Haarzinkgehaltes.

Weder der Verlauf noch die absolute Höhe dieser Haarzinkwerte sind mit unseren entsprechenden Analysenergebnissen vergleichbar, obwohl die parallel von *Mac Donald* angegebenen Haarkupferwerte mit unseren Daten gut übereinstimmen. Der von uns bei den Säuglingen beobachtete Verlauf der Haargehalte an essentiellem Zink und Kupfer, die gleichartige, parallele Veränderung des nicht-essentiellen Haargoldgehaltes und die Tatsache, daß die vorwiegend künstlich ernährten Säuglinge im Vergleich mit vollgestillten Kindern ein deutlich vermindertes Kupferangebot bei knapper Zinkversorgung erhielten, sprechen nicht für eine klare, nutritive Abhängigkeit der Haarspurenelementgehalte in diesem Lebensabschnitt, sondern lassen auf den physiologischen Charakter der dargestellten Haarspurenelementveränderungen zumindest in den ersten 3–4 Lebensmonaten schließen. Im späteren Beobachtungszeitraum fallen bei den Kindern besonders die Haarzinkwerte weiter kontinuierlich ab und befinden sich in der Gruppe 748 LT sogar bei 16 Probanden (11 männlich, 5 weiblich) unter dem Limit von 70 µg/g, was als Hinweis auf einen latenten Zinkmangel oder Eigenheiten des Zinkstoffwechsels bei männlichen Individuen (stärkeres Körperwachstum, stärkere Sensitivität auf den Abfall des Testosteronspiegels ?) gedeutet werden könnte. Die übrigen Haarspurenelementveränderungen sind in der Beobachtungsphase 402 LT und 748 LT nicht so ausgeprägt und sollen daher hier nicht weiter diskutiert werden.

Eingeangen am 14. 7. 1983

Literatur

[1] *M. Anke, M. Risch*, Haaranalyse und Spurenelementstatus. Jena: Gustav Fischer Verlag 1979

[2] *M. Castro-Magana, P. J. Collipp, S. Y. Chen, T. Cheruvanky, V. T. Maddaiah*, Am. J. Dis. Child. **135** (1981) 322

[3] *T. Cheruvanky, M. Castro-Magana, S. Y. Chen, P. J. Collipp, Z. Ghavami-Maibodi*, Am. J. Clin. Nutr. **35** (1982) 668

[4] *R. S. Gibson, M. S. de Wolfe*, Acta paed. scand. **70** (1981) 497

[5] *R. S. Gibson, M. S. de Wolfe*, Pediat. Res. **13** (1979) 959

[6] *M. Grün, E. Kauf, W. Plenert, A. Hennig, M. Anke*, Zbl. Pharm. **121** (1982) 492

[7] *K. M. Hambidge, C. Hambidge, M. Jacobs, J. D. Baum*, Pediat. Res. **6** (1972) 868

[8] *E. Kauf, W. Wiesener, I. Sander*, Zbl. Pharm. **121** (1982) 437

[9] *L. M. Kleevay*, Am. J. Clin. Nutr. **23** (1970) 284

[10] *G. Klinger*, Zbl. Pharm. **121** (1982) 442

[11] *L. D. MacDonald, R. I. Gibson, J. E. Miles*, Acta paediat. scand. **71** (1982) 795

[12] *Y. S. Ryabukhim*, Report IAEA/R I.50, Okt. 1978

[13] *M. Terai, A. Akabane, K. Ohno, S. Sakurai, F. Tsunoda, K. Hashimoto, G. Nishida*, J. Radioanalyt. Chem. **5** (1979) 143

[14] *W. Wiesener, W. Görner, S. Niese, K. Baldauf, W. Grund, M. Hennig, T. Mende*, Isotopenpraxis **17** (1981) 278

Isotopenpraxis 20 (1984) 4, S. 141 bis 142

Concentration and Isolation of Radiocesium from Reactor Water Using Titanium Hexacyanoferrate*)

A. Bilewicz, J. Narbutt

(Department of Radiochemistry, Institute of Nuclear Chemistry and Technology, Formerly Institute of Nuclear Research, Warszawa)[1])

Titanium hexacyanoferrate was applied for isolation of cesium, as well as zirconium, niobium and ruthenium radionuclides from water reactor coolant. High sorption efficiency was obtained: more than 99% for cesium, more than 90% for zirconium and niobium and about 70% for ruthenium. Mechanism of sorption and elution for these ions is discussed.

Titan-Hexacyanoferrat wurde eingesetzt, um Radionuklide von Cäsium ebenso wie von Zirkon, Niob und Ruthenium aus dem Kühlwasser von Reaktoren abzutrennen. Es wurde eine hohe Sorptionswirkung erzielt: mehr als 99% bei Cäsium, mehr als 90% bei Zirkon und Niob und ca. 70% bei Ruthenium. Der Mechanismus der Sorption und Eluierung dieser Ionen wird diskutiert.

Keywords
cesium; inorganic ion exchangers; niobium; ruthenium; titanium complexes; water chemistry; zirconium

Introduction

Standard radioanalytical procedures for cooling water of nuclear reactors include determination of the radionuclides: ^{134}Cs, ^{136}Cs, ^{137}Cs as well as ^{95}Zr and ^{95}Nb [1]. The activity ratio ^{134}Cs to ^{137}Cs is often used as a measure of nuclear fuel burn up [2]. The ^{95}Zr and ^{95}Nb nuclides can be used as monitors of defected fuel elements [3]. Direct determination of small amounts of the cesium radionuclides is difficult or sometimes impossible because of very rich gamma spectra of short cooled reactor water samples and the background due to the *Compton* effect from radionuclides of high energy radiation (mainly from ^{24}Na).

The determination is easy after radiochemical separation of cesium from interfering radionuclides, especially ^{110m}Ag, ^{124}Sb, ^{58}Co, as well as from high activities of ^{24}Na.

The amount of radiocesium in reactor water is often low, especially in the beginning of the reactor campaign. Preconcentration of cesium before its determination is thus advisable.

Well known good cesium sorbents are ferrocyanides of bivalent transition metal ions, among others titanium hexacyanoferrate extensively studied by *Lieser* and coworkers [4]. This ion exchanger enables selective sorption and high concentration coefficients of cesium from solution containing large amounts of alkaline metals and ammonia ions, corresponding to the composition of the coolant of numerous PWR type reactors [5]. Under certain conditions this sorbent also allows selective sorption of cesium from solution containing other polyvalent cations as most of the fission and corrosion products present in reactor coolants.

Experimental

Granular samples of titanium hexacyanoferrates were prepared by precipitation from diluted solutions of titanium tetrachloride and potassium cyanoferrate at the mole concentration ratio Ti to $Fe(CN)_6^{4-}$ equal 10 and *p*H 1·5. The samples obtained were of good sorption and mechanical properties. They were used as filling materials of small chromatographic columns (2 mm in diameter and 20 mm high).

Sorption of radionuclides was performed from half a liter samples of nuclear water from the research reactor EWA at Świerk, the flow being 3 ml/min.

Some experiments were also performed with solution simulating the primary coolant of pressurized water reactors of the Soviet type, used in nuclear power plants. Boric acid, ammonia and potassium hydroxide at given concentrations [5] were added to the coolant samples taken from the research reactor. The experiments were performed from both: shortly and moderately cooled reactor water samples (few hours and 2–3 weeks from the sampling).

In order to decrease the number of radionuclides sorbed and to stabilize chemical forms of zirconium and niobium, the samples were acidified to 1 M HCl. Basing on the detailed experiments performed by *Lieser* et al. [4] we expected that under these conditions only cesium, zirconium and niobium would be sorbed on titanium hexacyanoferrate. Apart from them ^{103}Ru has also been detected in the gamma spectra of the loaded columns. The sorption efficiency of cesium nuclides exceeded 99%, that of Zr and Nb – 90%, while the efficiency of ruthenium sorption was about 70% only. Molecular iodine (mainly the 131 and 135 nuclides) present in reactor water in large amounts was also absorbed. Its absorption can be avoided after reducing the iodine with sodium sulphite. In the gamma spectra of the columns loaded with the radionuclides from short cooled water, peaks from ^{99}Mo-^{99m}Tc can also be distinguished. Sorption of other species is insignificant.

Radiocesium sorbed on the sorbent grains can be either directly determined by measuring the gamma spectrum of the column, or selectively eluted from the column and then determined. In order to find the most effective way for cesium desorption several eluants were tested. The results are shown in Tab. 1.

All the species studied decompose titanium hexacyanoferrate. White crystalline precipitates formed as a result

*) Presented at the 3rd Symposium on "Nuclear Analytical Methods", April 11–15, 1983, Dresden

[1]) PL-03195 Warszawa, Poland

Tab. 1. Species studied as eluting agents for cesium-137 from titanium hexacyanoferrate in single stage (batch) experiments at mass ratios of the eluting solution to the sorbent equal to c. a. 50:1

Eluting agent	Concentration M	Cesium elution %
$Ba(OH)_2$ sat.	0·08	100
KOH	0·1	100
NH_3	0·1	83
NH_4F	0.2	83
$AgNO_3$	0·05	80
LiOH	0·1	63
Bu_4NOH	0·1	0·5
Et_3N	0·1	0·3

of the reactions with the bases used as the eluants have been identified as hydrated titanium dioxide. Only in the $AgNO_3$ solutions titanium hexacyanoferrate was transformed to silver hexacyanoferrate. The differences in the cesium elution efficiency observed for various bases, result from different affinities of the precipitates (various forms of hydrated titanium dioxide) to cesium ions. Hydrated titanium dioxide is a very effective sorbent for polyvalent cations such as strontium, barium, ruthenium, lanthanides and actinides [6, 7]. Cesium ions are also well sorbed by hydrated titanium dioxide even in the presence of small monovalent ions as Li^+ or large amine cations. However, in solutions containing appreciable concentrations of potassium, ammonia and barium ions the cesium sorption is markedly decreased. Elution curves for cesium in the presence of ammonia and potassium hydroxide are shown in Fig. 1.

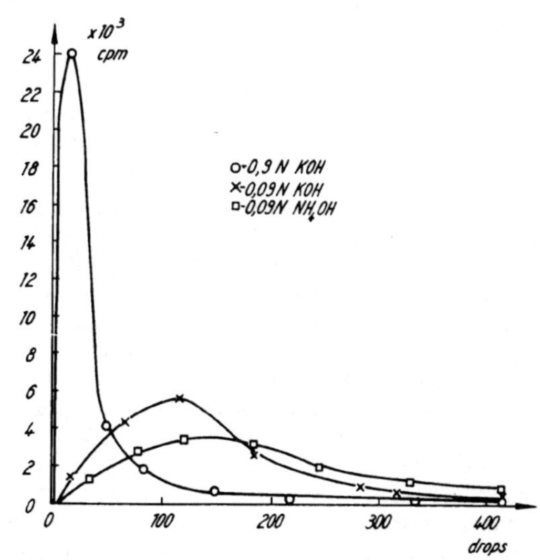

Fig. 1. Desorption of cesium with several eluants

Radiocesium was quantitatively eluted from the column with 4 ml 1 M KOH, while zirconium, niobium and ruthenium remained on the bed. Fig. 2 presents the gamma spectrum of the effluent containing only ^{134}Cs and ^{137}Cs.

Acidified $AgNO_3$ solution eluted quantitatively cesium, zirconium and niobium, whereas ruthenium remained in the column. In this case titanyl ions from the sorbent lattice were also eluted. The results of these experiments suggest various sorption mechanisms for the radionuclides under question. Reversible ion exchange with monovalent cations and titanyl ions in titanium hexacyanoferrate

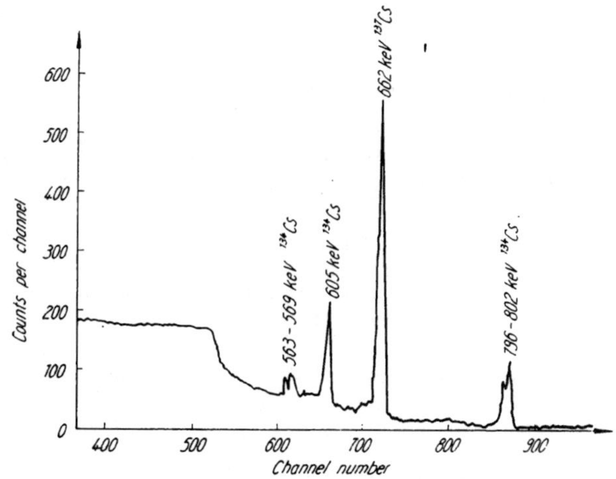

Fig. 2. High-resolution gamma spectrum of the cesium fraction eluted from the titanium hexacyanoferrate column (see text)

takes place in the case of cesium, zirconium and niobium. These ions can be then replaced in the sorbent by silver ions which are known to form the strongest bonds with ferrocyanate ions [8]. Silver ferrocyanate formed does not sorb cesium which is eluted together with zirconium and niobium. Ruthenium is not being eluted by silver ions so it remains in the precipitate of silver ferrocyanide. The mechanism of ruthenium sorption must be thus quite different from that previously discussed. Ruthenium forms stronger bonds in cyanide complexes than ferrous ions do [9]. It is thus possible that ruthenium can substitute iron in the complex anions of the sorbent.

Analytical procedure

On the basis of the results presented the following procedure can be proposed for rapid and selective isolation of cesium, zirconium, niobium and partially ruthenium from reactor cooling water. Half a liter of the coolant is being acidified with hydrochloric acid to reach its 1 M concentration in the sample, then followed by addition of sodium sulphite to 10^{-2} M. The solution is being past trough the standard column (2 mm × 20 mm) filled with titanium hexacyanoferrate, the bed being then washed with distilled water. Elution of cesium from the column is performed with 5 ml 1 M KOH. The effluent contains only radiocesium free of other radionuclides, while zirconium, niobium and ruthenium remain in the column. The concentration factor of radiocesium can easily exceed 100 at the recovery greater than 99%.

Received July 12, 1983

References

[1] *D. Nebel*, Analytische Probleme in Kernenergieanlagen, Proc. 3. Tagung Nuklear Analysenverfahren, Dresden 1983, to be published
[2] *H. Graber, G. Hofmann, R. Berndt*, Correlation of burnup with the $^{134}Cs/^{137}Cs$ and $^{154}Eu/^{137}Cs$ concentration ratios for irradiated LWR fuel. Proc. Symp. Nuclear Safeguards Technology, Vienna 1982, 443
[3] *L. N. Moskvin* et al., At. Energ. **39** (1975) 363
[4] *J. Bastian, K. H. Lieser*, J. Inorg. Nucl. Chem. **29** (1967) 827
[5] *J. Narbutt, A. Bilewicz, E. Gniazdowska-Laren*, Studies on radiocesium removal from primary coolant of some PWR-type reactors, Proc. IAEA, International Symposium on Water Chemistry and Corrosion Problems of Nuclear Reactor Systems and Components, Vienna, 1982 paper IAEA-SM-264/31,
[6] *M. Kikuchi, E. Ga, K. Fanabashi, H. Yusa*, Nucl. Eng. Design. **53** (1979) 387
[7] *R. E. Lynch, R. G. Dosch, B. T. Kenna, J. K. Johnstone, E. J. Nowak*, IAEA-SM-207/75, Vienna 1976
[8] *I. V. Tananev* et al., Khimiya Ferrocyanidov. Moscow: Nauka 1971, 232
[9] *O. E. Zviagincev* et al., Khimiya Ruteniya. Moscow: Nauka 1967, 115

Isotopenpraxis 20 (1984) 4, S. 143 bis 148

Radiotracer Investigations of the Dynamics of Gas Flow through Packed Bed

E. Iller, W. Przybytniak

(Institute of Nuclear Chemistry and Engineering Warsaw)[1])

St. Golembiowski

(Research Institute of Fertilizers Puławy)[2])

Radiotracer investigations of the gas flow dynamics in the catalytic bed chemical reactor have been carried out. ^{79}Kr has been used as a radiotracer. The coefficient characterizing the inflow velocity profile of gas on the bed determined by a thermoanemometric method, has been correlated with the model parameters of the gas flow within the packed bed. For modelling of the gas dynamics within the catalyst layer, dispersion model and plug-flow and stirred tank models in series have been applied.

Es wurden Traceruntersuchungen hinsichtlich der Dynamik von Gasströmen in Katalysatorbettreaktoren durchgeführt. Als Tracer wurde ^{79}Kr verwendet. Der nach einer thermoanemometrischen Methode ermittelte Faktor, der das Profil der Gaseintrittsgeschwindigkeit am Bett kennzeichnet, wurde mit den Modellparametern des Gasstromes im Füllkörper korreliert. Zur Modellierung der Gasdynamik innerhalb der Katalysatorschicht wurden nacheinander das Dispersionsmodell und das Rührgefäßmodell eingesetzt.

Keywords

anemometers; catalysis; chemical reaction kinetics; gas flow; krypton 79; tracer techniques

1. Introduction

Knowledge of dynamics of gas reagents flowing through a catalytic bed is of considerable importance in design and scale-up of packed chemical reactors.

I. Moscicka [1, 2] and *I. Ziółkowska* [3–11] described in their papers wide studies on the velocity profile of air stream passing through porous media.

Assuming *Dupuit-Forchheimer* hypothesis about linear relation between the actual velocity of gas in a bed u, the bed porosity ε, and superficial velocity u^* (measured in distance h from the top of bed):

$$u^* = u/\varepsilon \qquad h \to 0 \tag{1}$$

I. Moscicka et al. [1, 2] have announced that the velocity profile within the bed of uniform spheres is harmonic, oscillating and decreasing function of distance from the wall of column.

The oscillation period of this function corresponds to diameter of bed particles, and the maximum flow velocity is approx. 3 times as high as the minimum one. The first and the highest peak of velocity has occurred near the column wall. Deformation of the inflow velocity profile within packed bed comes from irregularity of bed porosity, dispersion of bed and trend of a system towards the minimum entropy [7].

For flow of air through column with randomly packed bed of regular elements, *I. Ziółkowska* and coworkers [8, 9] have drawn the relationships giving possibility to evaluate the velocity profile within bed, if the flow drag, the porosity profile and modified *Reynold's* number based on the effective viscosity are known.

Addresses: [1]) Dorodna 16, 03-195 Warsaw, Poland; [2]) 24-100 Puławy, Poland

In case of shallow catalytic beds of H/D < 2, the distribution of flow velocity within packed bed depends on the inflow velocity profile of fluid and distribution of the catalytic bed porosity.

Tendency to achieve the maximum extent of conversion in that kind of reactors is connected with necessity of equalizing the inflow velocity profile — i. e. approximation of the flow pattern to a plug-flow.

In the present paper the influence of purposely formed profile of inflow gas on its dynamics within catalytic bed has been discussed. The thermoanemometry method for determination of the inflow and outflow velocity profiles has been used. Dynamics of the gas flow within packed bed was determined by means of radiotracer method.

2. Apparatus and experimental

2.1. *Thermoanemometric measurements*

The investigations were carried out using the apparatus shown in Fig. 1. The main part of it forms a plexiglass tube having i. d, D = 0·260 m and filled to the hight of H = 0·580 m with randomly packed grains of catalyst.

The grains were of cylindrical form 6·0 · 10^{-3} m in diameter and height of 8·1 · 10^{-3} m. The airstream was supplied to the top of the vessel (Fig. 1–8) by the fan, then the air passed through the orifice 6, diffuser 2 to the top of bed. Further it flowed through the bed 4 to its bottom. The flow rate of air determined by the pressure drop on measuring orifice plate was evaluated from the following relationship:

$$G_{\text{pow}} = 0.083038 \sqrt{\frac{p\ \Delta p_{\text{K}}}{T}}, \quad \text{kg m}^{-2}\text{s}^{-1} \tag{2}$$

where:

Δp_k — pressure drop on the orifice
p — absolute pressure before orifice
T — temperature of air before orifice

Also the pressure drop along the bed was measured. The velocity profiles below and over bed were determined by means of thermoanemometric system Disa consisting of a hot-wire probe, thermoanemometric bridge, integrator and digital voltmeter. The voltmeter indications were recorded by a multichannel analyser type Plurimat and transfered into memory of Multi-20 computer. During the experiment run, the distance of the anemometric probes from surface of the bed was $53 \cdot 10^{-3}$ m, for measurements over bed and $50 \cdot 10^{-3}$ m for measurements below it.

The thermoanemometric measurements were made in 26 points located along the four diameters of investigated cross-sections. The distance between the points was chosen in such a way, that the areas of rings formed by circles passing by two adjacent points were equal.

$$\pi(r_i^2 - r_{i-1}^2) = \Delta F = \text{const.} \quad (3)$$

The relationship between the bridge output voltage and the local velocity of flowing gas may be written according following equation:

$$u^2 = a(\sqrt{\varrho V} + b) \frac{T_w - T_t}{T_w - T_n} \quad (4)$$

where:

$\breve{u}$ — local linear velocity of air, m s^{-1}
a, b — calibration constants of probe
ϱ — density of air, kg m^{-3}
T_w — effective temperature of the probe wire determined by calibration, K
$\breve{V}$ — voltage, V
T_t — the air temperature, K
T_n — calibration temperature of probe, K
r_i — the distance of the i-th measuring point from the column wall, m

For total estimation of irregularity of the air flow within investigated cross-section of reactor, the coefficient of the gas velocity profile k_α was used.
The values of k_α were calculated from equation:

$$k_\alpha = \frac{1}{F} \int_F \left(\frac{u}{\bar{u}}\right)^2 \mathrm{d}F \quad (5)$$

where:

$\breve{u}$ — local velocity, m s^{-1}
$\bar{u}$ — average velocity in the cross-section F, m s^{-1}
F — the cross section area of reactor, m^2

Taking the equation (3) into account and assuming that the impotant participation in the local velocity vector has only its axial component, equation (6) can be written as follows:

$$k_\alpha = \frac{N^2 \, \Delta F}{F\left(\sum_{i=1}^{N} \breve{u}_i\right)^2} \sum_{i=1}^{N} \breve{u}_i^2 \quad (6)$$

where:

N — number of measuring points
ΔF — corss cestion area of the measurement ring
F — cross-section area of column
u_i — local velocity

The assumption mentioned above was based upon the fact that during experiments the average gas velocity values determined be means of measuring orifice plate and a hot-wire aneomometry differed very slightly from each other.

The following average velocity values were obtained in a series of nine experiments:

	Average velocity of air — u, m s^{-1}	
	Orifice	thermo-anemometry
Inflow gas (over bed)	1·045	1·079
Outflow gas (below bed)	1·071	1·058

Having a thermoanemometric probe calibrated in the aerodynamic tunnel in such a way, that its indication was correct when the vector of the gas flow velocity had an axial component only, one can evaluate the k_α coefficient using the relationship (6).

The series of experiments have been performed using different type of mesh wiring for inflow gas, and values of k_α for the profile velocity below and over the bed have been evaluated. In our experiments the flow of air within the bed occured in turbulence region according to *Reynold's* criterion formulated by *Carman* [12] for the packed bed $Re \geqq 70$ where Re was defined as follows

$$Re = \frac{G}{\eta s} \quad (7)$$

G — average flow rate of inflow air (evaluated for an empty reactor), kg m^{-2} s^{-1}
η — dynamic viscosity of air, kg m^{-1} s^{-1}
s — specific surface of bed of an porosity ε, $s = s_0(1 - \varepsilon)$
s_0 — specific surface of bed, m^{-1}

For the investigated packed bed (cylinder $8{\cdot}1 \cdot 10^{-5}$ m diameter and height $5 \cdot 10^{-5}$ m) the specific surface so can be evaluated from the equation:

$$s_0 = \frac{6}{\delta} \quad (8)$$

where:

δ — effective diameter of the bed particle
$\delta = 7{\cdot}407 \cdot 10^{-3}$ m

The results of the carried out thermoanemometric experiments together with characteristcs of the flow correctors used are given in the Tab. 1.

As one could see from the data presented values of k_α coefficient describing inflow of air into the bed vary within the range 1·03—3·63 and corresponding k_α values for outflow gas stream were 1·07—1·10.

The lowest value of k_α coefficient was obtained by using two correctors of the airstreams: one located at the top of diffuser — coneshape corrector and one just over the bed. This second corrector consisted of a few gauzes of different mesh and the honeycomb.

Basing upon the thermoanemometric measurements and literature data, the set of inserts correcting the velocity profile of the air flow over packed bed have been chosen for future radiotracer investigations of the dynamics of air flow through the bed.

2.2. *Radiotracer investigations of the dynamics of gas flow through packed bed*

Depending on construction of the flow reactor with packed bed as well as physico-chemical properties of media, the different kind of less or more complicated mathematical models are used for description of dynamics of the reagents flow through the catalyst bed. In last year, a simple two

Tab. 1. Results of thermoanemometric investigations

Characteristic of inflow correctors	Inflow u, m/s			Outflow u, m/s			Mass velocity	Bed			
	orifice	thermo-anemo-metric	k_α	orifice	thermo-anemo-metric	k_α	G_2 kg/m² s	height H, m	Re	ε	s m^{-1}
1— inflow dirrectly from diffuser	—	1·75	1·14	—	1·56	1·12	—	0·84	243	0·46	437
2— inflow dirrectly from diffuser	1·05	1·04	1·17	1·08	1·03	1·07	1·273	0·80	163	0·475	425
3— at the diffuser top inflow corrector in form of cone at the diffuser out flow — honeycomb corrector	1·05	1·03	1·08	1·08	1·98	0·08	1·273	0·80	163	0·475	425
4— at the diffuser top inflow corrector in form of solid A*) at the diffuser out-flow — honeycomb corrector and two gauzes	1·03	1·04	1·05	1·05	1·08	1·09	1·312	0·80	152	0·474	426
5— at the diffuser top inflow corrector in form of solid B**) at the diffuser out-flow — honeycomb corrector and two gauzes	1·05	1·08	1·03	1·07	1·10	1·07	1·347	0·84	184	0·461	437
6— at the diffuser top inflow corrector in form of solid B**) at the diffuser out-flow — nozzle cor-rector and two gauzes	1·04	1·03	3·18	1·07	0·88	1·09	1·303	0·84	166	0·46	437
7— at the diffuser top inflow corrector in form of solid B**) at the diffuser out-flow — a duble nozzle corrector and two gauzes	1·04	1·13	3·63	1·07	1·13	1·10	1·291	0·84	163	0·461	437
8— at the diffuser top inflow corrector in form of solid B**) at the diffuser out flow — single nozzle corrector and two gauzes	1·07	1·06	3·18	1·10	1·19	1·07	1·296	0·53	183	0·490	413
9— at the diffuser top inflow corrector in form of solid B**) at the diffuser out flow — a double nozzle corrector and two gauzes	1·03	1·08	3·63	1·05	1·07	1·08	1·331	0·54	188	0·496	408

*) corrector A: solid of rotation in form 

**) corrector B: solid of rotation in form 

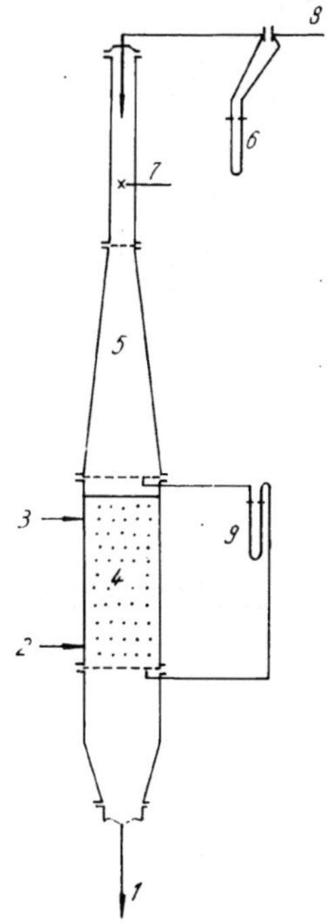

Fig. 1. Schematic of the experimental set-up
1 – outflow of air; 2,3 – measurement points; 4 – catalyst bed; 5 – diffuser; 6 – orifice; 7 – radiotracer injection point; 8 – inflow of air; 9 – manometer

and three parameters models have become popular in interpretation of non-ideal flow patterns. Usefulness of the adopted model consists in univocal physical interpretation of calculated values of the models parameters. In Tab. 2, the impulse response function and the transfer function have been presented as functions of the model parameters for dispersion model, tanks-in-series model, *Wolf-Resnick's* model. The model parameters characterizing the dynamics of the fluid flow can be determined by means of the impulse-response method. The model response of system $-y_m(t)$ to any arbitrary impulse $-x(t)$ and impulse response function of investigated apparatus $-h(t)$ are connected with each other by the convolution integral:

$$y_m(t) = \int_0^t h(\lambda)\, x(t-\lambda)\, d\lambda \tag{9}$$

The parameters of the flow model can be determined by finding the best fitting model function $-y_m(t)$ to an experimental curve $-y(t)$ on the grounds of the equation given above. The investigations of dynamics of the air flow through catalytic bed within described reactor were carried out using ^{79}Kr as radiotracer, which was obtained by a neutron activation of natural krypton in nuclear reactor [13].

About $5 \cdot 10^{-6}$ m^3 of natural krypton under pressure of 4 MPa in specially constructed aluminium container was irradiated in the neutron flux of 10^{13} n/cm^2 s, for 100 h.

The irradiated portion of gas was then divided into several small portions, all operations made in a special hermetic lead drybox.

The radiotracer prepared in such a way was impulse-injected over diffuser 5 into the down stream of flowing air. The changes in the radiation intensity as a time function, corresponding to the tracer flow through the reactor were detected by means of scintillation probes connected with multichannel analyser, cooperating with Multi-20 computer.

The probes provided with the lead collimators were placed at the two planes in such a way that three probes on each level were radially directed at the angle of 120° each other. The distances of the two planes from the surface of bed were 0.02 m and 0.545 m respectively. The Plurimat – Multi 20 (analyser-computer) system allowed to record the residence time distribution curves as well as to process the data obtained. The signals from the three probes recording data at the same level were summed up, giving average values of disturbance and response functions.

The parameters of the simple models of the fluid flow were calculated using the method of weighed moments. developed by *Michelsen, Østergaard* [14], which gives correlation between the weighed moments of the k-th order of the disturbance and response functions and the transfer function of the system. The k-th order initial weighed moment is described by equation:

$$M^k = \int_0^\infty t^k\, e^{-st} C(t)\, dt \tag{10}$$

Central weighed moment of the k-th order has the following form:

$$M_c^k = \int_0^\infty \left(t - \frac{M^1(s)}{M^0(s)}\right)^k e^{-st} C(t)\, dt \tag{11}$$

Tab. 2. Impulse response and transfer functions of flow pattern models

Model	Impulse response function $h(\theta)$	Transfer function $G(s)$
Dispersion model	$1/2 \left(\frac{Pe}{\pi\theta}\right)^{1/2} \exp\left[-\frac{Pe}{4}\frac{(\theta-1)^2}{\theta}\right]$	$\exp\left[-\frac{Pe}{2}\left(1-\sqrt{1+\frac{4s\tau}{Pe}}\right)\right]$
Tanks-in-series model	$\frac{N^N \theta^{N-1}}{(N-1)!} \exp(-N\theta)$	$\left(1+\frac{s\tau}{N}\right)^{-N}$
Wolf-Resnick's model	$\frac{\eta}{\theta}\frac{1}{(N-1)!}\left[\frac{\eta}{\theta}(t-N\xi)\right]^{N-1} \exp\left[-\frac{\eta}{\theta}(t-N\xi)\right]$	$\frac{\exp(-N\xi s)}{(\theta/\eta \cdot s+1)^N}$
Stirred tank and plug-flow models in series	$\begin{cases} 0 & \text{for} \quad \theta \leqq 1-\varepsilon \\ \frac{\theta}{\varepsilon t}\exp\left[-\frac{1}{\varepsilon}\theta+\frac{1}{\varepsilon}-1\right] & \text{for} \quad \theta > 1-\varepsilon \end{cases}$	$\frac{\exp(-\tau_1 s)}{\tau_2 s+1}$

where

k — order of moment t — time

s — weight factor $C(t)$ — normalised response function

The transfer function of system, its dervative and weighed moments are described by equations:

$$G(s) = \frac{M^0_{\text{out}}(s)}{M^0_{\text{inp}}(s)} \tag{12}$$

$$(-1)^k \frac{d^k G'(s)}{ds^k G(s)} = \frac{M^k_c(s)}{M^0(s)}\Bigg|^{\text{out}}_{\text{inp}} \tag{13}$$

Introducing the transfer functions of the fluid flow models into the equation (12) and (13) we can obtain the equation system in which the right sides are the simple functions of initial and central weighed moments, the left sides represent the functions of the model parameters and weight factor. The solution of the system of equations expresses the parameters of model as a function of weighed moments and weight factor.

These relations for models given in Tab. 2 have the following form:

1) Dispersion model
   Peclect number — Pe

$$Pe = \frac{2\mu_1^2}{\omega_2}\left(1 - \frac{2s\omega_2}{\mu_1}\right)^{1/2} \tag{14}$$

   mean residence time — τ

$$\tau = \mu_1\left(1 - \frac{2s\omega_2}{\mu_1}\right)^{-1/2} \tag{15}$$

2) Tanks — in — series model
   number of perfect mixers — N

$$N = \mu_1^2/\omega_2 \tag{16}$$

   mean residence time — τ

$$\tau = \mu_1^2(\mu_1 - s\omega_2)^{-1} \tag{17}$$

3) *Wolf-Resnick's* model
   number of perfect mixers — N

$$N = 4\,\frac{\omega_2^3}{\omega_3^2} \tag{18}$$

   factor of the flow delay — ξ

$$\xi = \frac{1}{N}\left(\mu_1 - \frac{2\omega_2^3}{\omega_3}\right) \tag{19}$$

   factor of mixing efficiency of system — η

$$\eta = 2\left(\frac{\omega_2}{\omega_3} - s\right)\cdot\Theta \tag{20}$$

   where Θ — dimensionless time, $\Theta = t/\tau$

4) Plug flow and stirred tank models in series (*Wolf-Resnick's* model for $N = 1$)

$\tau_1 = \xi$ mean residence time for the plug flow region

$\tau_2 = \frac{\Theta}{\eta}$ mean residence time for the perfect mixing region

$$\tau_1 = \mu_1 - \sqrt{\omega_2} \tag{21}$$

$$\tau_2 = \frac{\sqrt{\omega_2}}{1 - s\sqrt{\omega_2}} \tag{22}$$

$\varepsilon = \frac{\tau_2}{\tau_1 + \tau_2}$ fraction of the system volume corresponding to the perfect mixing region

In equations (14—22)

$$\mu_1 = \frac{M^1}{M^0}\Bigg|^{\text{out}}_{\text{inp}}$$

$$\omega_2 = \frac{M^2_c}{M^0}\Bigg|^{\text{out}}_{\text{inp}}$$

$$\omega_3 = \frac{M^3_c}{M^0}\Bigg|^{\text{out}}_{\text{inp}}$$

where:

M^1 — initial weighed moment of the first order

M^0 — initial weighed moment of the zero order

M^2_c — central weighed moment of the second order

M^3_c — central weighed moment of the third order

The k-th order weighed moment are related to the initial weighed moments by the following equation:

$$M^k_c = \sum_{i=0}^{k}\binom{k}{i}\left[\frac{M^1(s)}{M^0(s)}\right]^{k-i}\cdot M^i(s) \tag{23}$$

3. Discussion of the results

Basing upon the mentioned above relationships (14—22) and equation (9), numerical programme evaluating the model parameters for the air flow through packed bed has been completed. The programme calculates for weight factor changing, from 0 to 1·4 S_{opt} with step $\Delta S = 0{\cdot}1\, S_{\text{opt}}$, the following data: values of the model parameters, and corresponding impulse response function, the model response function $-y_m(t)$ to the disturbance function $x(t)$.

The model response functions are compared with experimental response function $y(t)$ and one of them for which the standard deviation defined as

$$k = \left[\frac{1}{n-1}\sum_{i=1}^{t}(y_m(t_i) - y(t))^2\right]^{1/2} \tag{24}$$

attains the minimum value, is chosen. The optimum value of the weight factor S_{opt}, used in programme, is calculated accordingly to the formula proposed by *Andersen* and *White* [15]:

$$S_{\text{opt}} = \frac{2(k_{\text{av}} + 1)}{\tau_{\text{out}} + \tau_{\text{inp}} - \Delta t_\alpha} \tag{25}$$

where:

k_{av} — an average order of moment used for calculations

τ_{out} — the mean residence time of the ouput signal

τ_{inp} — the mean residence time of the input signal

Δt_α — the time delay between output and input signals

Several series of experiments have been carried out applying chosen correctors of air stream entering the packed bed and determining by radiotracer method the RTD of a tracer.

Using the proposed procedure and basing on the summed RTD curves the optimum model parameters for dispersion model, plug flow and stirred tank-in-series models have been evaluated. The results of calculations for the subsequent experiments are given in the Tab. 3.

Exemplary fitting of model RTD curve and the experimental data is illustrated in Fig. 2.

The relation between coefficient of the velocity profile — k_α as a function of model parameters of the gas flow through catalytic bed has been presented on Fig. 3 and 4.

The following general conclusions can be drawn from the presented results of investigations:

Tab. 3. Results of radiotracer investigations of the dynamics of air flow through the catalyst bed

Characteristics of inflow correctors	k_α	Mass velocity G_{pow}, kg/m² s	linear velocity $\bar{u}$, m/s	*Reynold's* number *Re*	Tanks in series model		Dispersion model	
					τ, s	ε	τ, s	*Pe*
1. honey comb corrector	1·03	1·411	1·07	151	0·38	0·41	0·38	14·0
2. inflow directly from diffuser	1·17	1·407	1·08	149	0·36	0·64	0·36	5·15
3. honey comb corrector and ring i. d. $2{\cdot}4 \cdot 10^{-1}$ m	1·25	1·286	0·99	136	0·49	0·66	0·48	4·91
4. honey comb corrector and ring i. d. $2{\cdot}2 \cdot 10^{-1}$ m	1·42	1·274	0·96	134	0·55	0·79	0·56	2·86
5. ring i. d. $2{\cdot}4 \cdot 10^{-1}$ m	1·67	1·280	0·99	135	0·46	0·80	0·46	2,76
6. ring i. d. $2{\cdot}2 \cdot 10^{-1}$ m	2·45	1·290	0·99	136	0·49	0·85	0·50	2·37

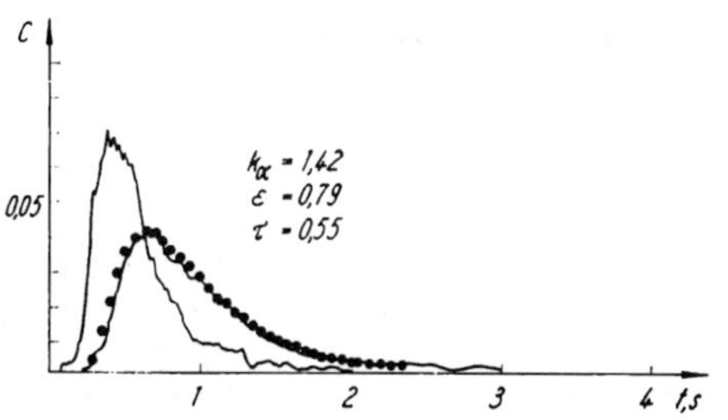

Fig. 2. Exemplary fitting of the model RTD curve, experimental data ● model curve

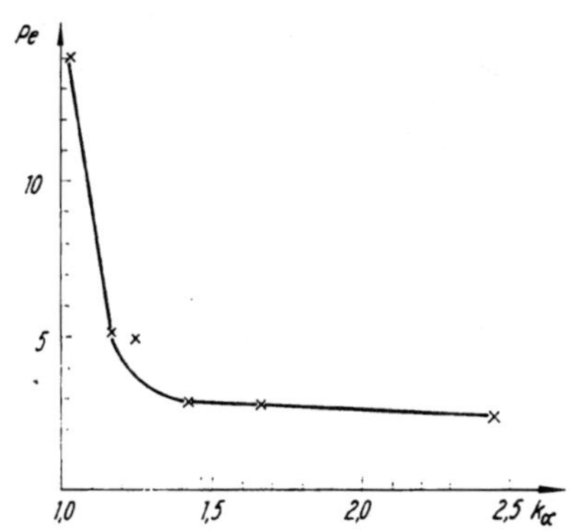

Fig. 3. Dependence of *Pe* on k_α

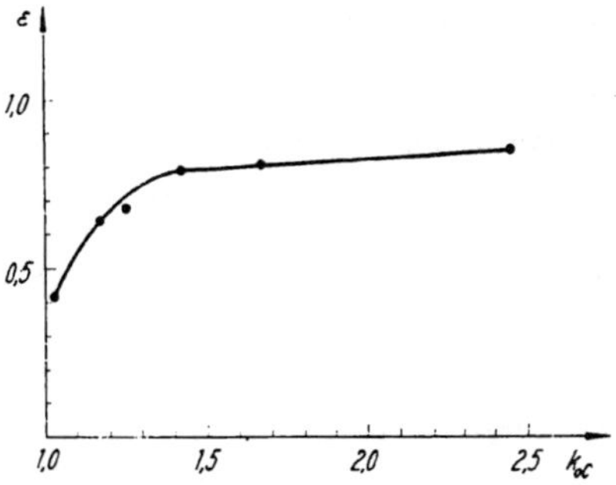

Fig. 4. Dependence of ε on k_α

I. Applying the plug-flow model for description of gas dynamics within catalytic beds for which the H/D ratio is equal to or less than 2, sometimes may lead to the serious design errors.

II. In reactors of that kind, dynamics of gas within packed bed is strongly dependent on the inflow profile of gas.

III. Changes of the inflow velocity profile of gas characterized by changes of k_α-coefficient within the range 1.05 – 1·45 exerts significant influence on dynamics of the gas flow through packed bed while changes of k_α within the range 1·5 – 2·5 do not influence the gas dynamics within the catalyst bed.

IV. Simple mathematical models prove themselves a good method of describing the pattern of gas flow through porous media and can be succesfully applied for the reactor design purposes.

Received July 7, 1983

References

[1] *I. Moscicka, I. Badowska, B. Morawska*, Inżynieria Chemiczna **VI** (1976) 187

[2] *I. Moscicka, I. Badowska, B. Morawska*, ibid. **VI** (1976) 389

[3] *I. Ziółkowska, I. Badowska, B. Morawska*, ibid. **VI** (1976) 69 3

[4] *I. Ziółkowska*, Inżynieria Chemiczna **IX** (1979) 789

[5] *I. Ziółkowska*, ibid. **IX** (1979) 825

[6] *I. Ziółkowska, Z. Mieszkowski, I. Badowska, B. Flejter*, Inż. Chemiczna i Procesowa **1** (1980) 169

[7] *I. Ziółkowska, I. Badowska, B. Flejter, Z. Mieszkowski*, Inż. Chemiczna i Procesowa **1** (1980) 393

[8] *I. Ziółkowska* Inż. Chemiczna i Procesowa **1** (1980) 651

[9] *I. Ziółkowska, I. Badowska, Z. Mieszkowski*, ibid. **1** (1980) 889

[10] *I. Ziółkowska, Z. Mieszkowski*, Inż. Chemiczna i Procesowa **3** (1982) 413

[11] *I. Drahos, J. Cermak, I. Ziółkowska, D. Ziółkowski*, Chem. Eng. Journal **24** (1982) 71

[12] *R. Carman*. Flow of gases through porous media. London: Butterworths Scientific Publications 1956

[13] *W. Przybylniak, Z. Bazaniak, J. Piskorz, G. Strzelczak*, Isotopenpraxis **17** (1980) 361

[14] *M. L. Michelen, K. Østegaard*, Chem. Eng. Sci. **25** (1970) 583

[15] *A. S. Anderssen, E. T. White*, Chem. Eng. Sci. **26** (1971) 1203

Isotopenpraxis 20 (1984) 4, S. 149 bis 152

Aus der Praxis

RGW-Vergleich der Normalmeßeinrichtungen zur Darstellung und Weitergabe der Einheit der Expositionsdosis von Quantenstrahlung im Röntgen-Anregungsspannungsbereich von 8 bis 60 kV

Keywords

calibration standards; COMECON; ionization chambers; radiation doses; standardization; X-ray dosimetry

1. Einleitung

Die wissenschaftlich-technische Zusammenarbeit der metrologischen Staatsinstitute der RGW-Länder dient dem Ziel, die Einheitlichkeit und Richtigkeit der Messungen in allen Bereichen der Volkswirtschaft einschließlich des Gesundheitswesens und des Umweltschutzes zu sichern.

Um die höchsten staatlichen Normale auf dem Gebiet der ionisierenden Strahlung, die zur Darstellung der Einheit der Expositionsdosis von Quantenstrahlung dienen, auf einem hohen wissenschaftlich-technischen Niveau zu halten, sind ständig theoretische und experimentelle Arbeiten zur weiteren Verbesserung und Vervollkommnung der entsprechenden Normalmeßeinrichtungen durchzuführen. Es ist darüber hinaus im Rahmen von RGW-Vergleichsmessungen die Übereinstimmung der mit diesen Einrichtungen erhaltenen Meßwerte in regelmäßigen Abständen zu überprüfen. Derartige Vergleiche finden in Abständen von 4 bis 5 Jahren statt.

Im folgenden wird über einen Vergleich der Normalmeßeinrichtungen zur Darstellung der Einheit der Expositionsdosis für Röntgenstrahlung im Anregungsspannungsbereich von 8 bis 60 kV berichtet. Der Vergleich fand im Zeitraum von November 1979 bis Oktober 1980 statt. An diesem Vergleich beteiligten sich die Staatsinstitute der VRP (PKNMiJ), der ČSSR (IHE), der UVR (OMH) und der DDR (ASMW).

Ebenfalls an diesen Messungen beteiligt, allerdings mit einem Sekundärnormal, war das Laboratorium für Klinische Dosimetrie und Metrologie der Ionisierenden Strahlung der Medizinischen Akademie Sofia (VRB).

2. Die Normalmeßeinrichtungen der Teilnehmer

Alle am Vergleich beteiligten Staatsinstitute verwenden zur Darstellung der Einheit der Expositionsdosis von Röntgenstrahlung Freiluftionisationskammern, die als Parallelplattenkammern aufgebaut sind. Metrologisch wichtige Abmessungen dieser verwendeten Ionisationskammern sind in Tab. 1 zusammengestellt.

Die Bestimmung der Expositionsdosis zur Darstellung der Einheit in Coulomb je Kilogramm erfolgte in allen teilnehmenden Institutionen nach der Beziehung:

$$X = \frac{Q}{V \cdot \varrho_0} \cdot K_{\varrho_0} \cdot K_{\mathrm{h}} \cdot K_{\mathrm{a}} \cdot K_{\mathrm{sc}} \cdot K_{\mathrm{e}} \cdot K_{\mathrm{s}} \cdot K_{\mathrm{d}} \cdot K_{\mathrm{f}} \quad (1)$$

wobei

- Q der Mittelwert der gemessenen Ladung in Coulomb (bei positiver und negativer Polarität der Potentialelektrode)
- V das Meßvolumen in m³
- ϱ_0 die Dichte der Luft bei 0 °C, 1,01324 · 10⁵ Pa und 0% der relativen Luftfeuchte in kg/m³
- K die Korrektionskoeffizienten für:
- K_{ϱ_0} die Luftdichte
- K_{h} die Luftfeuchte
- K_{a} die Schwächung der Strahlung in der Luftschicht zwischen der Ebene der Meßblende und dem Zentrum des Meßvolumens
- K_{sc} den Ionisationsanteil durch die aus dem Meßvolumen herausgestreute Strahlung

Tab. 1. Metrologisch wichtige Abmessungen der Normalionisationskammern

Abmessung, mm	ASMW		PKNMiJ		IHE	OMH
	bis 30 kV	bis 80 kV	bis 20 kV	bis 60 kV		
Durchmesser der Meßblende	8,177	8,502	6,041	9,995	5,00	5,122
Effektive Länge der Meßelektrode	40,82	54,95	15,002	20,273	9,88	55,124
Abstand der Ebene der Meßblende vom Zentrum der Meßelektrode	67,0	117,0	33,47	102,2	36,35	135,2
Abstand zwischen Meß- und Potentialelektrode	60,0	130,0	32,94	69,875	39,08	117,0
Effektive Höhe der Meßelektrode	60,0	130,0	34,0	70,4	55,00	60,0
Spaltbreite zwischen Meß- und Schutzelektrode	0,4	0,4	0,345	0,299	0,1	0,3

Tab. 2. Metrologisch wichtige Abmessungen der Übertragungskammer

Abmessung	mm
Durchmesser der Meßblende	10
Länge der Meßelektrode	25
Abstand der Ebene der Meßblende vom Zentrum der Meßelektrode	40
Abstand zwischen Meß- und Potentialelektrode	50
Höhe der Meßelektrode	47

K_e die unvollständige Ausnutzung des Ionisationsvermögens der Elektronen
K_s die unvollständige Sättigung des Ionisationsstromes
K_d die Durchstrahlung der Meßblende
K_f die Verzerrung des elektrischen Feldes innerhalb der Ionisationskammer

bedeuten. In Tab. 3 sind die Werte der Korrektionskoeffizienten zusammengestellt, die für die beim Vergleich vorliegenden Meßbedingungen experimentell bestimmt bzw. rechnerisch ermittelt wurden. Die Fehlergrenzen der in die Beziehung (1) und (2) eingehenden Größen sind in Tab. 4 angeführt. Unter der Beziehung $2\,\Delta l/l$ versteht man die Fehlergrenze, die mit einer etwaigen Lagedifferenz zwischen dem Meßort der Normalionisationskammer und der

Tab. 3. Werte der Korrektionskoeffizienten der Normalionisationskammern und der Übertragungskammer

Ort der Durchführung der Messung	Normalionisationskammer	Strahlungsqualität U_a/D_I	Normalkammer K_a	K_{sc}	K_e	K_s	K_d	K_f	Übertragungskammer K'_a	K'_s
ASMW	30 kV	10/0,036	1,130	0,994		1,0000	1,0003		1,079	
		30/0,18	1,025	0,991		1,0001	1,0003		1,0156	
	80 kV	30/0,18	1,046	0,991	1,0000	1,0006	1,0000	1,000		1,000
		50/1,00	1,010	0,993		1,0005	1,0000		1,0036	
		50/2,30	1,007	0,993		1,0004	1,0000		1,0033	
PKNMiJ	20 kV	10/0,036	1,0592	0,9968	1,000	1,0002	1,000		1,0711	1,0000
	60 kV	30/0,18	1,0422	0,995	1,000	1,0004	0,9999		1,0163	1,0005
		50/1,00	1,0090	0,996	1,0000	1,0002	0,9999	1,000	1,0035	1,0003
		50/2,30	1,0047	0,997	1,0000	1,0001	0,9998		1,0018	1,0001
IHE		10/0,036	1,064	0,996	1,000	1,0008			1,0718	
		30/0,18	1,012	0,997	1,000	1,0008	1,000	1,002	1,0132	1,000
		50/1,00	1,003	0,997	1,001	1,0009			1,0037	
		50/230	1,001	0,997	1,005	1,0007			1,0018	
OMH		10/0,036	1,3700	0,9904					1,1022	
		30/0,18	1,0522	0,9924	1,000	1,0011	1,000	0,9994	1,0153	1,000
		50/1,00	1,010	0,9947					1,0030	
		50/2,30	1,005	0,9957					1,0015	

Tab. 4. Fehlergrenzen der Größen und Korrektionskoeffizienten in %, zur Bestimmung der Konstante P nach Bez. (2)

Ort der Durchführung der Messung	Normalionisationskammer	Strahlungsqualität U_a/D_I	Normalkammer $2\Delta l/l$	$(Q/Q')_s$	$(Q/Q')_z$	V	K_a	K_{sc}	K_e	K_s	K_d	K_f	Übertragungskammer K'_a	K'_s
ASMW	30 kV	10/0,036						0,4		0,3				
		30/0,18						0,4		0,3				
	80 kV	30/0,18	0,1	0,1	0,08	0,1	0,2	0,2	0,1	0,2	0,0	0,1	0,2	0,2
		50/1,00						0,2		0,2				
		50/2,30						0,2		0,2				
PKNMiJ	20 kV	10/0,036			0,1	0,2	0,2	0,1	0,0	0,02	0,0	0,2	0,2	0,01
	60 kV	30/0,18			0,03	0,1	0,04	0,3	0,0	0,02	0,01	0,1	0,05	0,03
		50/1,00	0,05	0,05	0,03	0,1	0,06	0,3	0,01	0,01	0,01	0,1	0,07	0,02
		50/2,30			0,06	0,1	0,06	0,3	0,01	0,01	0,01	0,1	0,07	0,01
IHE		10/0,036			0,05		0,08	0,03		0,04			0,08	
		30/0,18	0,04	0,6	0,04	0,1	0,02	0,02		0,04			0,02	0,1
		50/1,00			0,02		0,2	0,02	0,2	0,08	0,01	0,2	0,2	
		50/2,30			0,06		0,2	0,02		0,04			0,2	
OMH		10/0,036												
		30/0,18												
		50/1,00	0,02	0,00	0,03	0,1	0,2	0,2	0,0	0,1	0,1	0,1	0,2	0,1
		50/2,30												

Übertragungskammer verbunden ist. Die Fehlergrenzen des Wertes Q/Q' sind als systematische Restfehler $(Q/Q')_s$ und auch als zufällige Fehlergrenzen $(Q/Q')_z$ angegeben.

3. Das Übertragungsnormal

Als Übertragungsnormal für den Vergleich der Normalmeßeinrichtungen wurde eine vom PKNMiJ zur Verfügung gestellte Parallelplatten-Ionisationskammer verwendet. Die Abmessungen der Kammer (Tab. 2) sind so gewählt, daß die Kurve der Energieabhängigkeit der charakteristischen Kammerkonstanten möglichst flach verläuft. Zur Überprüfung der Funktionstüchtigkeit und Stabilität der Übertragungskammer diente eine Kontrollstrahlungsquelle des Nuklids $^{90}Sr/^{90}Y$, die in die Strahlenaustrittsseite gut reproduzierbar einzuschrauben war. Die Kammerspannung betrug bei allen Messungen +2000 V. Die Korrektionskoeffizienten und ihre Fehlergrenzen sind in Tab. 3 und 4 zusammengestellt.

4. Die Vergleichsbedingungen und Vergleichsdurchführungen

Die Vergleichsbedingungen werden durch folgende Parameter (Tab. 5) charakterisiert:

- U_a die Anregungsspannung an der Röntgenröhre
- F_0 die Eigenfilterung durch Röntgenröhre und Röhrenschutzgehäuse
- F_z die zusätzliche Filterung der Strahlung
- D_I die erste Halbwertsschicht
- D_{II} die zweite Halbwertsschicht
- a den Abstand des Meßortes (Ebene der Meßblende) vom Fokus der Röntgenröhre
- $\varnothing$ den Durchmesser des Strahlenbündels am Meßort
- $\dot{X}$ den Wert der Expositionsdosisleistung am Meßort
- U_k die Spannung an der Potentialelektrode der Normalionisationskammer

Die Vergleichsmessungen wurden nach den RGW-Empfehlungen MS 15-72 durchgeführt. Das vom PKNMiJ zur Verfügung gestellte Übertragungsnormal wurde im Stafettenprinzip von einem Teilnehmerland in das andere überbracht und im Beisein der überbringenden Spezialisten an den Normalmeßeinrichtungen des jeweiligen Landes kalibriert. Diese Aufgabe bestand in der Bestimmung der Konstanten P der Übertragungskammer in kg^{-1}, die nach folgender Beziehung ermittelt wurde:

$$P = \frac{X}{Q' \cdot K_{\rho_{20}} \cdot K'_a \cdot K'_s} \qquad (2)$$

Darin bedeuten:

- X den Wert der Expositionsdosis, der nach Beziehung (1) bestimmt wurde
- Q' den Wert der mit der Übertragungskammer gemessenen Ladung in Coulomb
- $K_{\rho_{20}}$ den Korrektionskoeffizienten für die Umrechnung der gemessenen Ladung auf die Bedingungen von 20 °C, $1{,}01324 \cdot 10^5$ Pa und 0% relative Luftfeuchte
- K'_a den Korrektionskoeffizienten für die Schwächung der Strahlung in der Luftschicht zwischen der Ebene der Meßblende und dem Zentrum des Meßvolumens der Übertragungskammer
- K'_s den Korrektionskoeffizienten für die unvollständige Sättigung des Ionisationsstromes der Übertragungskammer

Die Ladungsmessungen am Übertragungsnormal erfolgten mit den elektrometrischen Ladungsmeßeinrichtungen der einzelnen Länder. Durch die Kontrollmessungen des Ionisationsstromes mit der β-Kontrollstrahlungsquelle der Übertragungskammer konnte somit nicht nur die Stabilität dieser Kammer, sondern auch die Übereinstimmung der Ladungsmeßeinrichtungen getestet werden. Die in den teilnehmenden Institutionen gemessenen Kontrollströme wiesen eine Streuung von 0,3% um den Mittelwert auf, wobei die Stromwerte selbstverständlich für die entsprechenden atmosphärischen Bedingungen korrigiert wurden.

5. Vergleichsergebnisse

Die ermittelten Werte der Konstanten P für die Übertragungskammer, die an den Normalmeßeinrichtungen der beteiligten Länder bestimmt wurden, sind in Tab. 6 angegeben. Die in dieser Tabelle angegebenen Fehlergrenzen

Tab. 5. Parameter zur Charakterisierung der Vergleichsbedingungen

Ort der Durchführung der Messung	Strahlungsqualität U_a/D_I	F_0	F_z	D_I	D_{II}	a	$\varnothing$	$\dot{X}$	U_k
	kV/mm Al	mm Be	mm Al	mm Al	mm Al	cm	cm	μA/kg	kV
ASMW	10/0,036		0,020	0,035	0,037			28	±1,5
	30/0,18	1,0	0,28	0,177	0,317	40	3,5	26	
	50/1,00		1,10	0,990	1,50			16	±2,0
	50/2,30		4,50	2,305	2,77			19	
PKNMiJ	10/0,036		0,06	0,036				8	±0,8
	30/0,18	1,2	0,25	0,18		37,75	6,5	206	
	50/1,00		1,02	1,00				112	±4,0
	50/2,30		4,25	2,30				23	
IHE	10/0,036		0,018	0,036	0,038			24	
	30/0,18	2,0	0,23	0,18	0,25	46,36	1,5	148	
	50/1,00		1,0	1	1,5			76	±1,5
	50/2,30		4,0	2,25	2,8			17	
OMH	10/0,036		–	0,036	0,050			15	±1,0
	30/0,18	1,0	0,29	0,176	0,26	46,5	7	60	
	50/1,00		1,20	1,03	1,51			80	±5,0
	50/2,30		3,70	2,26	2,73			80	

Tab. 6. Zusammenstellung der Werte der Konstante P, der Fehlergrenzen dieser Konstanten (ϑ) und der relativen Werte der Konstanten P/P_m

Strahlungs-qualität U_a/D_I	$P \cdot 10^5 kg^{-1}$ ASMW	PKNMiJ	IHE	OMH	Mittel-wert	ϑ% ASMW	PKNMiJ	IHE	OMH	P/P_m ASMW	PKNMiJ	IHE	OMH
10/0,036	4,141	4,150	4,149	4,125	4,141	1,0	0,8	0,7	0,9	1,0000	1,0022	1,0019	0,9961
30/0,18	{4,141 / 4,130	4,140	4,141	4,141	4,139	{1,0 / 0,9	0,5	0,7	0,9	{1,0005 / 0,9978	1,0002	1,0005	1,0005
50/1,00	4,157	4,152	4,172	4,159	4,160	0,9	0,5	0,8	0,9	0,9993	0,9981	1,0029	0,9998
50/2,30	4,194	4,182	4,185	4,180	4,185	0,9	0,5	0,8	0,9	1,0022	0,9993	1,0000	0,9988

ϑ sind für eine statistische Sicherheit von 99% nach der RGW-Empfehlung ST-RGW 403-73 errechnet. Die Ergebnisse der Vergleichsmessungen sind in Abb. 1 graphisch dargestellt. Wie aus der Abbildung ersichtlich ist, liegt die Streuung des relativen Wertes der Konstanten P innerhalb der Fehlergrenze der Meßwerte und beträgt nicht mehr als 0,4% vom Mittelwert.

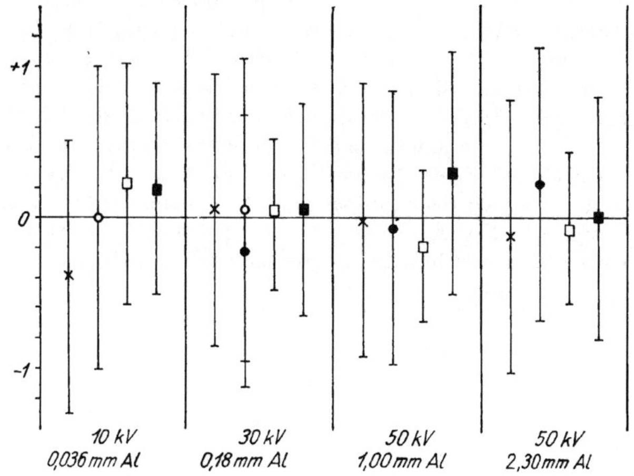

Abb. 1. Graphische Darstellung der relativen Abweichungen der einzelnen P-Werte vom Mittelwert P_m

○ – ASMW DDR „30 kV"; ● – ASMW DDR „80 kV"; □ – PKNMiJ VRP; ■ – IHE ČSSR; × – OMH UVR

Die Vergleichsmessungen mit dem Sekundärnormal der VRB, einer Hohlraumkammer, führten auch zu guten Ergebnissen. Die Fehlergrenzen der Ermittlung der Konstanten P und die Abweichung des Wertes P von den Mittelwerten aus der Tab. 6 betragen für die einzelnen Strahlungsqualitäten:

10 kV/0,036 mm Al	2,0%	+ 0,1%
30 kV/0,18 mm Al	1,8%	+ 0,4%
50 kV/1,00 mm Al	1,8%	– 0,3%
50 kV/2,30 mm Al	1,7%	– 0,3%

6. Schlußbetrachtung

Wie die Ergebnisse der Vergleichsmessungen zeigen, befinden sich die Normalmeßeinrichtungen zur Darstellung der Einheit der Expositionsdosis von Quantenstrahlung im Anregungsspannungsbereich der Röntgenstrahlung von 8 bis 60 kV der Teilnehmerländer auf einem hohen wissenschaftlich-technischen Niveau.

Die Übereinstimmung des Mittelwertes zu den in den genannten metrologischen Einrichtungen bestimmten Werten ist besser als 0,5%.

Mit dem Abschluß dieses Vergleichs können die Messungen zur Darstellung der Einheit der Expositionsdosis von Röntgenstrahlung im Anregungsspannungsbereich von 8 bis 60 kV in den metrologischen Staatsinstituten der VRP (PKNMiJ), der ČSSR (IHE), der UVR (OMH) und der DDR (ASMW) als zuverlässig angesehen werden.

Eingegangen am 2. 6. 1983

M. Dereziński, N. Paź
Polnisches Komitee für Standardisierung, Maß und Qualität, PKNMiJ
O. Kodl, I. Šnobr
Institut für Hygiene und Epidemiologie, ČSSR – IHE
M. Peter
Staatliches Amt für Meßwesen der UVR, OMH
H. Rothe, K. Günther, K. Helmstädter, H. Lundie
Amt für Standardisierung, Meßwesen und Warenprüfung der DDR, ASMW

Isotopenpraxis 20 (1984) 4, S. 153 bis 154

Tagungsberichte

20. Nuklearmedizinisches Symposium Reinhardsbrunn vom 8. bis 12. Mai 1983

Die Entwicklung der Produktion von Nukliden und markierten Verbindungen während der 50er Jahre und der zunehmende Einsatz der Isotopentechnik in den verschiedensten Gebieten von Wissenschaft und Technik in der DDR führten vor fast 20 Jahren zu dem Entschluß durch die „Isotopenpraxis" diese Entwicklung wissenschaftlich zu fördern. In der Medizin hat die Anwendung von offenen Radionukliden in unserem Land in den zurückliegenden 25 Jahren derartig zugenommen, daß auf die heute überall angewandten nuklearmedizinischen Diagnostik- und Behandlungsverfahren nicht mehr verzichtet werden kann. Maßgebend für diese Entwicklung der Nuklearmedizin war, daß in den vergangenen 20 Jahren in ununterbrochener Reihenfolge jährlich Symposien zu Problemen dieses jungen Fachgebietes der Medizin stattfanden. Wir freuen uns deshalb, gerade im 20. Jahrgang unserer Zeitschrift einen Bericht von diesem Jubiläumssymposium der Nuklearmediziner geben zu können.

Das 20. Nuklearmedizinische Symposium in Reinhardsbrunn war das erste seit Gründung der Gesellschaft für Nuklearmedizin der DDR 1982. Unter 142 Teilnehmern haben 21 Gäste aus 8 Ländern teilgenommen.

Einleitend wies der wissenschaftliche Leiter auf die Entwicklung der Nuklearmedizinischen Symposien in der DDR hin, die 1964 durch *H.-J. Altenbrunn*, Berlin-Buch, gegründet wurden, ab 1965 von der damaligen Arbeitsgemeinschaft „Nuklearmedizin in der Gesellschaft für Medizinische Röntgenologie der DDR übernommen wurden und seit 1967 regelmäßig im Mai in Reinhardsbrunn veranstaltet werden. Der enge Rahmen, das Fehlen von Parallelveranstaltungen und die traditionell lebhaften Diskussionen haben ein regelmäßig großes Interesse von Fachleuten des In- und Auslandes an diesen Symposien zur Folge, nicht zuletzt durch die Publikationen der Vorträge in einem von der Isocommerz, Berlin, herausgegebenen Kongreßband der Schriftenreihe „Wissenschaftliche Tagungen in der DDR" (Redaktion: *K.-D. Schwartz*, Schwerin, und *R. Schöneich*, Potsdam) sowie durch die Publikation der Referate als wissenschaftliche Kurzmitteilungen in der „Radiobiologia Radiotherapia" bzw. „Radiologia diagnostica". Anläßlich des 20. Symposiums wurde ein Registerband herausgegeben, der die Bibliographie der bisher publizierten Vorträge seit 1970 enthält.

Auf der diesjährigen Tagung wurden drei Hauptthemen beraten: Onkologie, Nephrourologie und Kardiologie. Neben methodologischen Details sind Arbeiten zur positiven Tumorszintigraphie mit markierten Antikörpern (Arbeitsgruppe um *H.-J. Altenbrunn*, Berlin-Buch) bzw. ^{123}J-monoklonalen Antikörpern (*Granowska*, *Britton*, London) als besonders aussichtsreich herausgestellt worden. Die letzteren Autoren haben von 22 Ovarialkarzinomen 20 mit dieser Methode lokalisieren und Metastasen nachweisen können. In einem Übersichtsreferat stellte *K. E. Britton*, London, die pathophysiologischen Grundlagen der nuklearmedizinischen Nierendiagnostik eindrucksvoll heraus und verwies auf diagnostische Möglichkeiten, eine obstruktive Nephropathie mit Hilfe von ^{99m}Tc-DTPA (Parenchym-Transitzeit-Bestimmung), etwas unempfindlicher auch mit Hilfe der Furesis-induzierten Diurese zu bestimmen. *Kirsch* et al., Greifswald, stellten übersichtlich die Möglichkeiten funktionsmorphologischer Erkennung multifokaler und parenchymatöser Nierenerkrankungen mit Hilfe der Kameraszintigrafie heraus. In einem Rundtischgespräch, an dem Nephrologen und Urologen mit Vertretern der Nuklearmedizin über den Stellenwert nuklearmedizinischer Verfahren im Gesamtspektrum der Diagnostik diskutieren, wurde die Bedeutung der einfachen Isotopennephrographie als seitengetrennte Funktionsprüfung in der Verlaufsuntersuchung entzündlicher Nierenerkrankungen wieder hervorgehoben. Demgegenüber hat die statische Nierenszintigraphie in der Nierentumordiagnostik durch die Echotomographie (in Zukunft wird die Sonographie nicht nur die statische Szintigraphie, sondern auch die Indikation zur Ausscheidungsurographie einengen) als erstem Untersuchungsschritt vor Computertomographie oder Angiographie einen nicht mehr so bedeutenden Stellenwert. Für die akute Pyelonephritis und die Glomerulonephritis sind nuklearmedizinische Verfahren nicht indiziert, nur bei chronischen Verlaufsformen sind Funktionsprüfungen, insbesondere auch Clearanceverfahren einzusetzen. Vor urologischen Operationen, insbesondere Teilresektionen, vermag die seitengetrennte Nierenclearance präoperativ eine Aussage über die Reserveleistung des zu belassenden Parenchyms zu geben.

Bei der Beurteilung von Fehlbildungen des uropoetischen Systems ist die Ausscheidungsurographie Voraussetzung. Die nuklearmedizinische Funktionsdiagnostik wird entscheiden über Indikation und Art eines operativen Eingriffs.

Bei Harnstauungsnieren wird die Stauung am einfachsten sonographisch nachgewiesen, der Verlauf nach einer Ureterkolik kann entweder echotomographisch, aber auch isotopennephrographisch erfolgen und wird dort die Ausscheidungsurographie verdrängen. Auch hier kann Nephrographie oder Funktionsszintigraphie den Zeitpunkt einer notwendigen Operation durch die funktionsdiagnostische Aussage des Stauungsgrades und der Erhaltungsmöglichkeit von Nierenparenchym erbringen. In allen Fragen der Morphologie (Trauma, Nierenzyste, Raumforderung) steht der Ultraschall an erster Stelle, verdrängt die nuklearmedizinische Diagnostik, die wiederum zur Funktionsbeurteilung und Verlaufskontrolle in Zukunft an Bedeutung gewinnen wird. Zur Beurteilung einer Niereninsuffizienz ist sie nicht erforderlich, da dies mit üblichen Labormethoden allein gelingt. In der Verlaufsuntersuchung der Nierentransplantation haben Funktionsszintigramm, Isotopennephrogramm, Perfusionsszintigraphie sowohl zur Beurteilung der Frührejektion wie bei anderen Komplikationen eine führende Rolle. Dies wurde auch durch Vorträge und Diskussionen aus anderen Transplantationszentren unterstrichen.

Vorträge zur Nuklearkardiologie beschäftigten sich mit der Verbesserung der Methodik der Herzmuskelszintigraphie in der präoperativen Diagnostik und Nachsorge bei kardiochirurgischen Eingriffen. Erfahrungen mehrerer Zentren (Rostock, Berlin-Buch, Jena, Bad Berka, Wien, Budapest) mit der kombinierten funktionsmorphologischen Untersuchung von Myokardszintigraphie und Ventrikuloszintigraphie vor und nach koronarchirurgischen Eingriffen wurden diskutiert. Die Überprüfung und Qualitätskontrolle von Parametern kernphysikalischer Strahlungsmeßgeräte, insbesondere bildgebender Systeme, war Anliegen der Vorträge von *Bergmann*, Wien, *Todd-Pokropek*, London, und *Vauramo*, Helsinik. Während ein Bericht über erste Erfahrungen mit der Kernresonanzspintomographie noch zurückhaltend in der Beurteilung seines zukünftigen Einsatzes war (*Hundeshagen*, Hannover), wurde aus bisherigen Erfahrungen in der Diskussion der Ultraschalltomographie in Verbindung mit nuklearmedizinischen Verfahren, besonders aber der szintigraphischen Schichtdarstellung (Emissionscomputertomographie) ein hoher diagnostischer Stellenwert im Rahmen der Herzmuskelfunktionsdiagnostik (Nachweis von Myokardinfarktnarben) und beim Einsatz zur positiven Tumorszintigraphie mit markierten Antikörpern gegeben. Immer, wenn es zur Diskussion um die Trendanalyse moderner bildgebender Verfahren kam, wurde der funktionelle Aspekt der Nuklearmedizin hervorgehoben, der in Zukunft wieder mehr an Bedeutung gewinnen wird, während rein topographisch morphologische Untersuchungen in Zukunft von Ultraschalldiagnostik als Basisverfahren, Computertomographie und NMR als hochspezialisierte Verfahren zufallen werden.

H. Deckart

Eingegangen am 18. 10. 1983

IAEA: V. ^{15}N-Isotopenkursus in Leipzig vom 24. 5.—17. 6. 1983

Landwirtschaftswissenschaftler aus Bangladesh, Bolivien, Zypern, Kuba, Ekuador, Indien, Irak, Malaysia, Mexiko, Sudan, Tansania, Thailand, Türkei, Uganda und Zaire hatte eine IAEA-Kommission zur Teilnahme am V. „FAO/IAEA Interregional Training Course on the Use of ^{15}N in Soil Science and Plant Nutrition" delegiert.

Kursusdirektor Prof. Dr. habil. *H. Faust*, seine Mitarbeiter vom Zentralinstitut für Isotopen- und Strahlenforschung Leipzig der AdW sowie Wissenschaftler der IAEA (Dr. *Kalinin*/UdSSR, Dr. *Berlier*/Frankreich und Dr. *Broeshart*/Niederlande) und aus Fachinstituten der DDR standen den Teilnehmern mit Rat und Tat zur Seite.

Vorlesungen, Übungen und Laboratoriumsexperimente ergänzten sich in bewährter Weise. Dazu kamen einige Exkursionen in biochemische und landwirtschaftliche Institute der DDR sowie eine Spezialführung durch die Landwirtschaftsausstellung „agra" in Leipzig-Markkleeberg als Wochenendprogramme.

Mit dem gestiegenen Bekanntheitsgrad dieses Kursus und ständig erhöhter Zahl von Bewerbungen konnte im Laufe der Jahre ein stärkerer Einfluß auf das Ausgangsniveau der Teilnehmer genommen werden. Infolgedessen stieg auch das Ausbildungsniveau weiter an. Das äußerte sich u. a. in einer aktiven Teilnahme an erstmals durchgeführten Spezialseminaren in der letzten Kursuswoche (Workshops), in denen die soeben erworbenen Kenntnisse an Beispielen aus der Praxis der Entwicklungsländer angewandt werden konnten.

Der VI. Trainingskursus „^{15}N-Anwendung in Bodenkunde und Pflanzenernährung" wird von der IAEA und FAO für Mai/Juni 1985 wiederum zur Durchführung am Zentralinstitut für Isotopen- und Strahlenforschung Leipzig der AdW ausgeschrieben werden.

P. Krumbiegel

Eingegangen am 18. 10. 1983

Isotopenpraxis 20 (1984) 4, S. 154 bis 160

Buchbesprechungen

Jahrbuch der Atomwirtschaft 1983

14. Jahrgang; Herausgeber: W. D. Müller, R. Hossner, Düsseldorf — Frankfurt: Handelsblatt GmbH 1983. 442 S. DIN A4; gebunden DM 56,—

Das Jahrbuch ist wie in den vergangenen Jahren in mehrere Abschnitte aufgegliedert und umfaßt neben den Perspektiven des Arbeitsgebietes (88 Seiten) eine Adressensammlung (28 Seiten), einen umfangreichen Teil Informationen (250 Seiten) und eine ausgewählte Datensammlung (86 Seiten) mit einem Registerteil.

Im ersten Teil werden Entwicklungstendenzen auf dem Gebiet der Kernenergie insbesondere vom Standpunkt der BRD dargestellt und Fragen der Entsorgungstechnologie behandelt. Ein Beitrag über den Stand der Wiederaufarbeitung von Schnellbrüter-Brennelementen in den verschiedenen Ländern gibt im gleichen Maße wie eine Darstellung der Entwicklung der Bestrahlungs- und Radionuklidtechnik einen allgemeinen informativen Überblick über die Aktivitäten auf dem jeweiligen Teilgebiet.

Im Adressenteil sind die Organisationen und Betriebe der BRD, die sich mit Fragen der Kernenergetik befassen, aufgeführt. Von besonderem Interesse sowohl für den auf diesem Gebiet beruflich Tätigen als auch für den interessierten Laien sollten die für 46 Länder zusammengestellten Informationen zu Fragen der Reaktortechnik, des Brennstoffzyklus, der Sicherheit und des Strahlenschutzes, der Meß- und Regeltechnik und angrenzender Problemkreise sein. Nicht zuletzt erhält man auch einen Überblick über einige wichtige Aktivitäten der IAEA.

Die Zusammenstellung von Daten gibt nicht nur einen aus anderen Quellen auch erhältlichen Überblick über die betriebenen, im Bau befindlichen und geplanten Kernkraftwerke in der Welt, sondern vermittelt darüber hinaus auch eine Vielzahl von Informationen zur Energiewirtschaft in einigen europäischen Ländern und zum Kernbrennstoffbedarf in der Welt sowie der Kostenentwicklung bei der Erzeugung von Elektroenergie.

Mit dem Jahrbuch steht ein Nachschlagewerk, das den Wissensstand bis 1982 beinhaltet, zur Verfügung. Es stellt eine nützliche Zusammenfassung von Fakten, Tendenzen und Wertungen dar und sollte in keiner Institution, die sich mit Fragen der Kernenergetik befaßt, fehlen. Der Nutzerkreis ist bei den Betreibern von Kernlagen zu suchen und reicht von den auf dem Gebiet der Kernenergetik arbeitenden Technikern und Naturwissenschaftlern bis zu solchen Arbeitsgruppen, die sich mit der Ökonomie und der Entwicklung der Energieumwandlung beschäftigen.

M. Rösseler

Conditioning of Radioactive Wastes for Storage and Disposal
Proc. of an IAEA-Symposium, Utrecht, The Netherlands, June 1982

Vienna: IAEA 1983. 517 S., 114 Abb., 94 Tab., 259 Lit., (engl., franz., russ.) Proc. Series STI/PUB/628; karton. ÖS 1000.–

In 35 Beiträgen werden zum Thema Konditionierung radioaktiver Abfälle für Zwischen- und Endlagerung technische Grundlagen, Verfestigungsverfahren, Immobilisierungstechniken, Prüfverfahren und Kosten-Nutzen-Betrachtungen vorgestellt.

Von *Blasewitz* (USA) wird über eine in den USA stattgefundene Konferenz über Abfallbehandlung ausführlich referiert. Für die Endlagerung hochaktiver Abfälle aus der Kernbrennstoffwiederaufarbeitung ist nach Meinung verschiedener von *Blasewitz* zitierter Autoren die Verglasung mit Borosilikaten nach Kalzinierung der Nitrate bei 1100 °C die bevorzugte Methode (*Kanwar Raj*, Indien). Als Alternativen sind die aus Ca-, Zr- und Ba-Titanaten bestehenden Mehrphasensysteme SYNROC (*Reeve*, Australien) wegen besserer Auslaugungsresistenz, die Einbringung von Glasgranulat in eine Metallmatrix (*Lasarev*, UdSSR) und eine vor der Verglasung erfolgende Abtrennung der Hauptenergielieferanten ^{90}Sr und ^{137}Cs (*Northrup*, USA) zu nennen. Die Strahleneffekte auf das bei der Einlagerung umgebende Gestein wurden von *Spitzin* (UdSSR) und die Auslaugung in Form von Kolloiden ansteigender Teilchengröße in der Reihe Np, Pu, Am von *Girardi* (Euratom) demonstriert.

Besondere Behandlungsverfahren sind für mittelaktive Spezialabfälle zweckmäßig: kombinierte Metall-Schlacken-Schmelze für mit Plutonium kontaminierte Metallteile (*Ochiai*, Japan), Lagerung in Druckbehältern, in Zeolithen oder nach Metalleinschluß durch Ionensputtering für gasförmige Radionuklide (*Hebel*, CEC). Die Radioaktivität aus dem ersten Kreislauf von Kernreaktoren wird von organischen Ionenaustauschern auf anorganische Austauscher übergeführt (*Thegerström*, Schweden), für die Reinigung von Kühlwasser der Brennelementlager werden gleich anorganische Austauscher verwendet (*Elsden*, Großbritannien), die danach betoniert werden. Verschiedene Behandlungsverfahren werden für den Brennelementhüllen- (*Huber*, Österreich) und den Magnoxschrott (*Kaye*, Großbritannien) diskutiert.

Die Verfestigung eingedampfter niedrigaktiver Abfälle erfolgt durch Betonierung mit Zement und meist nachfolgender Bitumierung (*Marcaillou*, Frankreich; *Lobbezoo*, Italien; *Zange*, BRD; *Napravnik*, ČSSR; *Härkönen*, Finnland), Einbettung in Thermoplaste (*Haller*, Frankreich; *Hayase*, Japan) oder durch Polymerisation organischer Zusätze. Feste Abfälle werden verpreßt und in Metallfässern gelagert (*Hauser*, BRD; *Konig*, Niederlande). Zur Abfallagerung wurden auch spezielle Betonbehälter gefertigt (*Larsen*, Dänemark).

Weitere Beiträge behandeln die geologischen Bedingungen für die Lagerung (*Hamstra*, Niederlande; *Johnston* OECD), Prüfverfahren (*Alexandre*, Frankreich; *Pottier*, Frankreich; *Kluger*, BRD; *Warnecke*, BRD; *Shicharev*, UdSSR), staatliche Regelungen (*Aeppli*, Schweiz; *Habib*, Frankreich) und Kriterien für die Verfahrensauswahl (*Grover*, Großbritannien; *Peltonen*, Finnland).

Obgleich die Behandlung radioaktiver Abfälle jeden Isotopenanwender und viele auf dem Gebiet des Umweltschutzes Tätigen interessiert, ist dieser Konferenzband nur als Arbeitsmaterial für den Spezialisten geeignet, der dafür aber eine Fülle von technischen Details, Daten über Stabilität, Ansichten und Informationen über Strategien erhält.

S. Niese

Nukleare Entsorgung
Nuclear Fuel Cycle Band 2

Hrsg.: F. Baumgärtner, K. Ebert, E. Gelfort u. K. H. Lieser. Weinheim, Deerfield Beach, Florida, Basel: Verlag Chemie 1983. 352 S., 153 Abb., 55 Tab.; Paperback DM 130,–

Der 2. Band dieser Buchreihe ist der Auswertung eines Seminars über die Wiederaufarbeitung von Kernbrennstoffen aus Brutreaktoren im März 1981 in Obertraun (Österreich) gewidmet. Dem Leser wird in 3 Übersichtsartikeln der internationale Stand der Anlagen mit schnellen Leistungsreaktoren nahegebracht und ein Vergleich zwischen der Leistungsfähigkeit von Brutreaktoren und Leichtwasserreaktoren angestellt. Unter Berücksichtigung der Unterschiede, die sich bei der Wiederaufarbeitung von Brennstoff aus Brutreaktoren gegenüber einem Leichtwasserreaktorbrennstoff ergeben, werden notwendige Veränderungen im PUREX-Prozeß dargestellt. Als weiterer Schwerpunkt wird die Auswahl und Herstellung von Schnellbrüterbrennstoff diskutiert. Die in Zukunft zu erwartenden Verfahren werden beschrieben. Dieser Teil des Buches wird durch eine Darstellung der Wiederaufarbeitungsprogramme in einigen westlichen Ländern abgerundet.

In 8 Beiträgen werden spezielle Fragen der Technologie der Wiederaufarbeitung behandelt, insbesondere unter dem Aspekt der gegenüber dem konventionellen PUREX-Prozeß höheren Plutoniumkonzentration und spezifischen Aktivität der Ausgangslösung, und es wird auf Probleme bei der Zerlegung von Brennelementen bzw. Brennstäben, der Kontrolle und apparativen Eingrenzung von den beim Auflösen freiwerdenden flüchtigen radioaktiven Produkten und deren Rückhaltung eingegangen.

Die folgenden 10 Beiträge beinhalten wichtige Teilfragen des gesamten Problemkreises: zuverlässige Verfahren zur Bestimmung von Inhaltsstoffen als Voraussetzung für eine Prozeß- und Bilanzanalytik, mathematische Simulation von Mischabsetzern und Pulsationskolonnen, Untersuchung von Stoffaustauschprozessen, Vergleich von Abfällen, die bei der Wiederaufarbeitung von Leichtwasserreaktorbrennelementen anfallen, mit denen von Schnellbrutreaktoren und weitere Forschungsergebnisse über die strahleninduzierte Zersetzung des bei der Extraktion verwendeten Tributylphosphats und der damit verbundenen chemischen Konsequenzen.

Bei der Lektüre des Buches wird dem Leser rundum ein Überblick über Aufgaben, Probleme und Entwicklungstrends bei der Wiederaufarbeitung von Kernbrennstoffen aus Brutreaktoren mit dem Wissensstand von 1981 gegeben. Dabei werden neben wissenschaftlich-technischen Problemen auch die Grundzüge der internationalen Überwachung von Kernmaterial durch die IAEA dargestellt und die Wirksamkeit der Maßnahmen eingeschätzt.

Das Buch sollte für jeden auf diesem Fachgebiet arbeitenden Wissenschaftler und Techniker einschließlich den

Beauftragten für Kernmaterialkontrolle von Interesse sein und in den entsprechenden Institutionen nicht fehlen.

M. Rösseler

Nuclear and Chemical Dating Techniques: Interpreting the Environmental Record

Hrsg.: Lloyd A. Currie. ACS Symposion Series 176, Washington: American Chemical Society 1982. 516 S., div. Abb. u. Tab.; US $ 48·95 (US & Canada), 58·95 (Export)

Zu den ältesten und immer noch aktuellen Beispielen multidisziplinärer Anwendung der Kernphysik zählt die Datierung irdischer und kosmischer Objekte. Das Spektrum der Datierungsmethoden verbreiterte sich in den vergangenen drei Jahrzehnten sehr stark durch Entwicklung sowohl radioaktiver als auch chemischer Verfahren, die zu einer schier unübersehbaren Zahl von Anwendungen in den Geo-, Kosmos-, Bio- und Gesellschaftswissenschaften führten. Sie sind in der modernen Klima- und Umweltforschung genauso zu unentbehrlichen Werkzeugen geworden wie bei der Erforschung von mineralischen Lagerstätten und des Grundwassers — um nur einige konkrete Beispiele zu nennen. Komplexer sind auch die Handhabung der Datierungstechniken und die Interpretation der Ergebnisse geworden, da nicht nur Kernumwandlungen sondern auch andere physikalische, physikochemische, biologische und anthropogene Einflüsse zu zeitlichen Änderungen von Stoffzusammensetzungen im zu datierenden System führen.

Die Aktualität und Bedeutung nuklearer und chemischer Datierungsmethoden kommt unter anderem dadurch zum Ausdruck, daß die Bereiche Kernchemie und Kerntechnologie, Geochemie und Geschichte der Chemie der Amerikanischen Gesellschaft für Chemie aus Anlaß ihrer 179. Tagung im Jahre 1980 ein gemeinsames Kolloquium zu diesem Themenkomplex veranstalteten.

Im 176. Band der ACS Symposium Series wurden 24 Beiträge zusammengefaßt, die neueste Entwicklungen und Trends auf dem Gebiet der physikochemischen Datierungsmethoden und deren biogeochemische sowie archäologische Anwendungen beinhalten. Der Band beginnt mit historischen und perspektivischen Betrachtungen des inzwischen verstorbenen Nobelpreisträgers *W. F. Libby*. Der Beitrag radioaktiver und chemischer Datierungsmethoden zum Verständnis des Systems Umwelt wird im Hauptreferat, zu dem Prof. *H. Oeschger*, Universität Bern, Schweiz, eingeladen war, dargestellt. Die übrigen 22 Themen sind drei weiteren Abschnitten zugeordnet. Der Abschnitt III umfaßt neue Datierungsmethoden und ihre kosmochemischen und geochemischen Anwendungen, der Abschnitt IV beschäftigt sich mit Interpretation der isotopischen und chemischen „Aufzeichnungen" natürlicher Archive (Meteorite, Baumringe, Eis- und Sedimentkerne). Im Abschnitt V sind hauptsächlich Beiträge zu speziellen archäologischen Anwendungen, z.B. Probleme der ^{14}C-Datierung von Knochen und der Datierung von Travertin, ein Beitrag zur chemischen Evolution organischer Kohlenstoffverbindungen und eine Arbeit über die Asteroidenaufprall-Hypothese zur Erklärung der Fauneninzision vor 65 Millionen Jahren zusammengefaßt.

Insgesamt handelt es sich um eine gelungene Auswahl von Themen, die einen repräsentativen Querschnitt über moderne Entwicklungsrichtungen sowohl in methodischer Hinsicht als auch in bezug auf die multidisziplinären Anwendungen bietet. Die Informationsdichte der Beiträge ist hoch; auch der Spezialist wird deshalb gern die durchweg umfangreichen und aktuellen Literaturverzeichnisse nutzen, um sich bestimmten Fragen ausführlicher widmen zu können. Dem meßmethodisch orientierten Chemiker und Physiker vermittelt besonders Abschnitt III des Buches vielfältige Anregungen, vor allem wie noch kleinere Probenmengen bei gleichzeitiger Minimierung von chemischer Kontamination bearbeitet und extrem kleine Unterschiede in den Isotopenverhältnissen gemessen werden können. Dabei ist die Aussicht geradezu faszinierend, daß ^{14}C-Datierungen an Proben von weniger als 1 mg Kohlenstoff möglich sind und somit u. a. das ^{14}C-Alter einzelner Aminosäuren in Knochen bestimmt werden kann. Hierdurch eröffnet sich auch die Möglichkeit, seltene oder schwierig zu erhaltende Proben zu datieren, z.B. Kometenstaub, teure Artefakte, Gletschereis aus Tiefbohrungen. Allerdings ist diese enorme Empfindlichkeit nur durch den Einsatz sehr teurer Großgeräte auf der Basis von Schwerionen-Beschleunigern, spezieller Massenspektrometer und der Lasertechnik erreichbar.

Auch allen Naturwissenschaftlern, die an der Nutzung von Datierungsmethoden in ihrem Fachgebiet interessiert sind, sei die Lektüre dieses Buches sehr empfohlen.

K. Fröhlich

Neutron Sources for Basic Physics and Applications An OECD/NEA Report Vol. 2 of Neutron Physics and Nuclear Data in Science and Technology

S. Cierjacks (Ed.). Oxford — New York — Toronto — Sydney — Paris — Frankfurt: Pergamon Press 1983. 370 S., zahlr. Abb. u. Tab., ca. 900 Lit.; geb. US 65·00

Das Kerndaten-Komitee der OECD-Kernenergie-Agentur sieht sein Hauptarbeitsgebiet in der Bereitstellung hochgenauer Kerndaten für die Kernenergieprogramme der Mitgliedsländer. Dies schließt neutronenphysikalische Grundlagenforschung ein. Laut Vorwort des Herausgebers hat man sich daher zu einer Buchreihe entschlossen, deren Sinn in einer durchgängigen Beschreibung der vielfältigen Aspekte der Neutronenphysik und ihrer nuklearen Anwendungen sowie in einer Überbrückung der Kommunikationslücke zwischen Grundlagenforschern und Anwendern dieses Gebietes bestehen soll.

In elf Kapiteln zu je etwa 25 Seiten werden die Quellen von Neutronenstrahlung behandelt, wobei der stationär arbeitende Spaltreaktor ausdrücklich ausgenommen wurde, weil für ihn bereits viele adäquate Beschreibungen existieren. Im großen und ganzen entsprechen die einzelnen Darlegungen etwa folgender Gliederung: 1. kurze Quellen-Charakteristik, 2. Beschreibung der Technik zur Neutronen-Freisetzung, 3. Diskussion der Quellen-Hauptkomponenten, 4. individuelle Konzepte einzelner Laboratorien, 5. Quellenparameter, 6. charakteristische Anwendungen.

Als Autoren wurden fünfzehn international bekannte Neutronenphysiker gewonnen, die sich mit den Neutronenquellen auf eine solche Weise befassen, daß der unmittelbare Bezug auf die Neutronenphysik und die nuklearen Anwendungen gegeben ist. Die Gegenstände sind im einzelnen: Radioisotopen-Neutronenquellen, Quellen monoenergetischer Neutronen (außer D-T), 14 MeV-D-T-Quellen, gepulste Quellen weißer Neutronen, intensive d- und p-induzierte „continuous wave"-Quellen, gepulste Reaktoren, gefilterte Neutronenstrahlung, Quellen mit „chopper", Spallationsquellen, Plasmaquellen und Quellen polarisierter Neutronen.

Etwas aus dem Rahmen fallen die Beiträge über die Radionuklidquellen (*G. F. Knoll*, Michigan) wegen der relativen Kürze und Flüchtigkeit (wenig über Begleitstrahlung und Anwendung!), über die monoenergetischen Quellen (*C. A. Uttley*, Harwell), weil sie erst nach 50% des Volumens im wesentlichen zur Sache kommen, über die gepulsten „weißen“ Quellen (*S. Cierjacks*, Karlsruhe), infolge ihrer unverhältnismäßigen Ausführlichkeit, und überdie Plasmaquellen (*H. Conrads*, Jülich), da sie naturgemäß sehr viele Zukunftsvorstellungen beinhalten. Trotz allem ist dem Herausgeber und seinem Stab eine für so viele und an so entfernten Plätzen tätige Autoren bemerkenswerte Homogenität des Bandes gelungen. Das drückt sich z.B. in der einheitlichen Symbolik, einer gemeinsamen Zitate-Liste und einem für den Leser wertvollen Stichwortverzeichnis aus.

Für das wissenschaftliche Niveau suchte und fand der Herausgeber einen Kompromiß zwischen vereinfachter Darstellung für Nichtfachleute und der Diktion von und für Spezialisten.

Problematisch erscheint dem Rezensenten, trotz der eingangs skizzierten Absichtserklärung für den Band, die Definition der Zielgruppe dieses Buches: Sind es die Anwender von Neutronenquellen? Dann hat die Klassifikation nach den Neutronenherstellungsmethoden nicht allzuviel Sinn, und die Anwendungsaspekte sind überhaupt zu schwach enthalten. Oder sind es die Grundlagenforscher im Sinne der Kerndatenermittlung? Dann steckt zuviel Redundanz in dem Band.

Es will scheinen, daß zwar im Prinzip beide Gruppen angesprochen werden sollen, dann aber eben beide verhältnismäßig unspezifisch.

G. Brunner

Graphitische Werkstoffe für den Einsatz in Kernreaktoren Teil 2: Polykristalliner Graphit und Brennelementmatrix

W. Delle, K. Koizlik, H. Nickel. München: Karl Thiemig AG 1983. VIII + 316 S., 187 Abb., 4 Tab. (Thiemig-Taschenbücher Bd. 82); Efalin DM 36,–

In den ersten Kapiteln wird in knapper Form die Herstellung von Graphit und dessen Verwendung in Kernreaktoren beschrieben. Kokskörner aus Petrol- oder Steinkohlenteerkoks werden mit kohlenstoffhaltigen Bindemitteln wie Pech, Teer oder Kunstharz vermischt, verpreßt und zur Umwandlung der Bindemittel zu Kohlenstoff auf 1000 °C erhitzt. Eine nachfolgende Graphitierung bei ca. 2500 °C dient dem Kristallwachstum. Mehrfaches Imprägnieren mit nachfolgender pyrolytischer Spaltung der Imprägniermittel führt zu einer Verringerung des Porenvolumens und damit zu einer Dichteerhöhung. Bei den hohen Graphitierungstemperaturen verflüchtigen sich die meisten Verunreinigungen; leitet man bei Temperaturen oberhalb 2500 °C Freon durch Graphit, kann man auch den Borgehalt senken.

Sehr ausführlich werden die Eigenschaften, insbesondere deren Veränderung während der Bestrahlung im Reaktor, wie Dimension, Dichte, Porosität, Korrosion, Durchlässigkeit, Diffusion, Absorption, Wärmeleitung, spezifische Wärme, elektrischer Widerstand, mechanische Eigenschaften und Fließverhalten beschrieben. Besondere Beachtung verdient dabei die während der Bestrahlung gespeicherte Energie. Jedes schnelle Neutron stößt ca. 60 Kohlenstoffatome bis es abgebremst wird, wobei jedes dieser Kohlenstoffatome wieder 350 weitere Kohlenstoffatome vom Gitterplatz stößt. Bei den Betriebstemperaturen werden diese Gitterfehlstellen nicht immer von selbst ausgeheilt, so daß von Zeit zu Zeit zusätzliche Aufheizungen nötig sein können.

Den beschriebenen experimentellen Meß- und Bestrahlungsmethoden sind die physikalischen Grundlagen in der Beschreibung vorangestellt, und die gemachten Aussagen sind durch eine Fülle von Versuchsdaten illustriert.

Von den vielen Anwendungen des polykristallinen Kohlenstoffs ist außer dem Reaktorbau der Einsatz als Elektrodenkohlen zu nennen. Da durch geeignete Herstellungsbedingungen die Eigenschaften wesentlich beeinflußt werden können, ist noch mit einer wesentlichen Verbreiterung der Anwendung zu rechnen. So hat dieses gut gegliederte und verständlich geschriebene Taschenbuch einen Leserkreis zu erwarten, der über den Kreis der Reaktorphysiker und -techniker hinausgeht.

S. Niese

Elektronenstruktur organischer Moleküle Grundbegriffe quantenchemischer Betrachtungsweisen Physikalische Organische Chemie, Bd. 1

M. Klessinger. Weinheim — Deerfield Beach, Florida — Basel: Verlag Chemie 1982. 331 S., 120 Abb., 28 Tab.; Broschur DM 78,–

Eigentlich haben physikalische Methoden und organische Chemie schon immer ein sehr wechselhaftes Verhältnis zueinander gehabt. In dem Maße, wie die organische Chemie sich als entwicklungsfähig zeigte und verselbständigte, bedurfte sie nur relativ weniger physikalischer Methoden. Der einzelne Bindungsstrich zwischen den Elementsymbolen reichte mit gebotener Beweiskraft aus, um neue Verbindungen zu synthetisieren und ihre ungefähren Eigenschaften vorauszusagen; für einen richtigen „Organiker“ dieser Schule waren Beweise nur annehmbar, wenn das postulierte Zwischenprodukt abgetrennt werden konnte oder der präparative Weg substantiell nachvollziehbar war. Da erschien 1940 ein Buch von *L. P. Hammett*, das Physik und organische Chemie in einer neuen Wortschöpfung zu vereinen sucht — eine *contradictio in adiecto*? — wohl kaum, wie es die bisherige Entwicklung verdeutlichen konnte.

Der Autor des vorliegenden Buches ist gleichzeitig der Herausgeber einer vorgesehenen 6bändigen Physikalischen Organischen Chemie, deren 1. Band die Grundbegriffe quantenchemischer Betrachtungsweisen zum Gegenstand hat. In 9 Kapiteln werden die Orbitale, die HMO-Theorie, die Orbitalwechselwirkungen, die Störungstheorie 1. und 2. Ordnung, Korrelationsdiagramme und Methoden quantenchemischer Rechnungen sowie deren Interpretation behandelt, ferner die Symmetrie und in einem Anhang notwendige Ergänzungen und mathematische Erläuterungen. Damit ist das gesamte Rüstzeug zur quantenchemischen Behandlung organischer Moleküle beisammen und anwendungsbereit dargestellt.

Was zeichnet dieses moderne Lehrbuch besonders aus? Es ist die gelungene und mit überzeugender Sachkenntnis dargestellte Art, die Denkweisen der Quantenchemie dem Organiker verständlich zu machen, ohne dabei weit in die axiomatischen Begründungen der Quantenmechanik einzudringen. Der dazu erforderliche mathematische Apparat ist leicht verständlich aufbereitet und an vielen Beispielen direkt vollzogen worden — ein hervorzuhebender Vorzug dieses Lehrbuches. Man spürt dauernd die leichte Hand in der Darstellung des Gegenstandes und das starke Bemühen des erfahrenen Hochschullehrers um klare Bezeichnungsweisen und um Verständlichkeit ohne belastende Details. Mit etwas Bescheidenheit wird freilich im Vorwort gesagt, daß weder im Text noch in der Literatur enzyklopädische Vollständigkeit angestrebt würde. Zum Text wäre zu bemerken, daß viele praktisch arbeitende Organiker ihre Arbeit in den Beispielen wiederfinden dürften; von der Literatur kann festgehalten werden, daß insgesamt 588 Zitate aufgeführt sind, wobei 62% allein auf die Jahre 1970 bis 1981 entfallen (immerhin 18 Zitate aus dem Jahre 1981), wobei durchaus die klassischen Zitate von *Mulliken, Born, Slater, Hückel, Hund, Pauling* u. a. mit aufgeführt sind.

Man ist geneigt zu sagen: *tempora mutantur* — wie sich doch die Zeiten geändert haben. Heute kann kaum ein Organiker ohne die Quantenchemie mit ihren Schlußfolgerungen auskommen. Mit diesem guten Lehrbuch wird ihm der Einstieg in deren Argumentation sehr leicht gemacht.

Es dürfte auch kein Zufall sein, daß gerade der 1. Band der angezeigten Serie der Quantenchemie gewidmet ist — er stellt sozusagen das Flaggschiff dar, von dem aus wechselneise die notwendigen Verständigungen mit den übrigen Bänden stattfinden können und stattfinden werden. Ein gelungener Auftakt ist vollzogen.

H. Hübner

Das Klima
Analysen und Modelle, Geschichte und Zukunft

Hrsg.: H. Oeschger, B. Messerli u. M. Svilar. Berlin — Heidelberg — New York: Springer 1980. 296 S., 123 Abb., 33 Tab. (engl./dt.); geheftet DM 53,—; US-$ 31.30

Viele reden vom Wetter, wenige vom Klima, und eine kleine Gruppe dieser wenigen hat sich im Rahmen eines zweisemestrigen *Colloquium generale* an der Universität Bern getroffen und über unser Klima aus unterschiedlicher Sicht vorgetragen und diskutiert: das Ergebnis ist die vorliegende Schrift, in der die 20 Vorträge der 23 Autoren zusammengefaßt sind. Es dürfte kein Wunder sein, wenn gerade in der Schweiz eine solche Diskussion und Standortbestimmung über das Klima unserer Erde unter Beteiligung namhafter Wissenschaftler des Auslandes zustande kam. Sind doch in der Schweiz vor ziemlich genau 150 Jahren die ersten Gedanken über eine Eiszeit gereift (von *Johann Georg von Charpentier* auf der Tagung der Naturwissenschaftlichen Gesellschaft 1834 in Luzern vorgetragen); aber auch das weltweit bekannte Physikalische Institut der Universität Bern, das unter der Leitung eines der Herausgeber der Schrift, Professor *H. Oeschger*, steht und wo seit Jahren intensiv zur Klimageschichte gearbeitet wird, dürfte für die Teilnahme an einer solchen Begegnung ein ausreichender und überzeugender Grund sein.

Neben einer Einführung (3 Beiträge) werden in weiteren 4 Abschnitten die großräumige und langfristige Klimageschichte (4 Beiträge), die kleinräumige und kurzfristige Klimageschichte (6 Beiträge), die Geschichte von Klimaparametern (3 Beiträge) und schließlich die Klimamodelle und Klimamechanismen (4 Beiträge) vorgestellt. Obwohl leicht begründbar besonders Ergebnisse der Klimaforschung aus der Schweiz zur Diskussion gestellt werden, sind auch ausführliche Darstellungen der Klimageschichte Afrikas (*B. Messerli* — Bern), Europas bzw. Mitteleuropas und der paläoklimatischen Untersuchungen des Grönländischen Eisschildes (*W. Dansgaard* — Kopenhagen) enthalten. Einen bedeutenden Platz nehmen die verschiedenen Isotopenmethoden bei der Beschreibung der Klimageschichte ein. Stabile Isotope des Wassers neben den radioaktiven Nukliden (^{10}Be, ^{14}C, ^{32}Si, ^{36}Cl, ^{39}Ar, ^{81}Kr) werden zur Untersuchung der im Gletschereis, in den Baumjahresringen, Torfmooren und Sedimenten gezeichneten Informationen aus dem Umweltgeschehen der Vergangenheit herangezogen, wobei auch neuere Untersuchungsmethoden kurz gestreift (Schwerionenbeschleuniger abgestützte Massenspektrometrie, Laser IR-Absorptionsspektroskopie u. a.) und die in sie gesetzten Erwartungen für die Klimaforschung begründet werden.

Auch für die Literaturarbeit ist die Schrift eine wertvolle Fundgrube: Insgesamt sind 593 Literaturstellen angegeben, wobei aus den Jahren 1976—1980 45,03% stammen, also sehr aktuell sind. Die Schrift ist aus der spezifischen Sicht der Teildisziplinen zu diesem Themenkreis dargestellt, so daß auch aus diesen Blickwinkeln die Schlußfolgerungen noch einzeln gezogen werden können.

Insgesamt bietet sie einen verläßlichen Einblick in die interessanten und vieldiskutierten Probleme unseres Klimas und seiner weiteren Entwicklung.

H. Hübner

Oceanography
The Present and Future

P. G. Brewer (Ed.). New York — Heidelberg — Berlin: Springer 1983. 392 S., 123 Abb., 10 Tab.; geb. DM 110,—; US $ 45.50

Die Ozeanographie und ihre Begriffswelt erwecken in uns einen romantischen Bezug zu Segelschiffen des vergangenen Jahrhunderts, welche die Meere durchkreuzten und neue Gestade entdeckten. Der schon etwas nüchternere Bezug löst dann die Vorstellungen von Seekarten mit vielen Analysenangaben und Strömungslinien aus. Wer die vorliegende Monographie aufschlägt und anblättert, wird zunächst erstaunt sein, welche Detailkenntnisse nach den vielen Jahren der intensiven Meeresforschung bereits vorliegen und interpretiert werden konnten, was nicht zuletzt auf den teilweise bis in eben dieses vergangene Jahrhundert zurückreichenden Meß- und Beobachtungsreihen beruht.

Schon der Anlaß zu dieser Monographie hat einen retrospektiven Charakter: der 50. Jahrestag der Gründung des weltbekannten Woods Hole Ozeanischen Institutes in Massachusetts. Wie der Untertitel ausdrücken soll, sind die Gegenwart und die Zukunft der besonderen Betrachtung unterzogen, was aber nicht ohne Extrapolation aus der Vergangenheit möglich ist. Das Buch ist in 4 Maßstäbe unterteilt: der kleine und lokale Maßstab, der regionale Maßstab, der globale Maßstab und schließlich der Maßstab der menschlichen Aktivitäten — *the human scale*. Insgesamt haben 23 Wissenschaftler in 22 Beiträgen ihre Ansichten zur Gegenwart und Zukunft der Ozeanographie der Weltmeere dargelegt. Von den anthropogenen Radiotracern im Meer werden neben den „klassischen" Nukliden ^{3}H, ^{90}Sr, ^{137}Cs vor allem die Eigenschaften und das Verhalten der nicht in der Natur vorkommenden Transurane und des Technetiums künftig ins Blickfeld gelangen (Np, Pu, Cm, Am). Das komplexchemische Verhalten der stabilen höheren Oxydationsstufen dieser Transuranics an der Grenzfläche Tiefsee und Sediment ist noch ziemlich unbekannt. Zum anderen wurde auch in diesem Proceedings-Band die Rolle der Ozeane im Kreislauf des Kohlenstoffs in der Natur dargestellt (*B. Bolin*, Stockholm), wobei naturgemäß die zeitlichen ^{14}C-Werte mit einbezogen wurden.

Die referierte Literatur — insgesamt sind es 558 Zitate — zeichnet sich durch eine sehr hohe Aktualität aus. Aus den Jahren 1976—1982 stammen 85,2% aller Zitate, aus den Jahren 1981—1982 immerhin 10,6%. Das älteste Zitat ist aus dem Jahre 1762 (*H. Strøm*), eine norwegische Arbeit über einen küstennahen Amphipoden.

Die Monographie regt den Leser zu vielseitigen Überlegungen an und läßt vor ihm eine immer noch überschaubare Ozeanographie entstehen, die an vielen Stellen durch weiterführende Literatur vertieft werden kann. Ein Proceedings-Band, der dem Anliegen eines 50. Jahrestages voll gerecht wird.

H. Hübner

Vom Urknall zum Zerfall
Die Welt zwischen Anfang und Ende

H. Fritzsch. München — Zürich: R. Piper & Co. 1983. 351 S., 55 Abb.; geb. DM 36,—

Der Autor ist als o. Professor für theoretische Physik an der Universität München und am Max-Planck-Institut für Physik und Astrophysik in München tätig; theoretische Physik, ein oft in einer kaum verständlichen und nur von Spezialisten verstandenen Sprache abgefaßtes Wissen. Er setzt aber sich selbst und den Wissenschaftlern sehr hohe Maßstäbe, wenn er formuliert und fordert, daß sie in der Lage sein müßten, die Wichtigkeit ihrer Forschungsarbeit auch der Allgemeinheit begreiflich zu machen; denn sonst verdienten sie es nicht, für ihre Arbeit öffentliche oder private Zuwendungen zu erhalten. Und so ist es sein Ziel, den Leser teilhaben zu lassen an der gegenwärtig so aufregenden Wunderwelt der Elementarteilchen, der Urbausteine der Materie, ihrer kosmischen Geschichte und ihrer Zukunft. Spielend lernt der Leser die galaktischen Landkarten mit ihrer ins Unendliche reichenden Ausdehnung, die Materie und Antimaterie, die Quarks und Antiquarks kennen. Man erlebt die ersten Bruchteile von Sekunden vom Urknall, durchwandert die Entwicklung weiter bis zur Gegenwart und wird an die Hand genommen, um auch die ferne — fernste — Zukunft des sich immer weiter entwickelnden Kosmos kennenzulernen. Der dialektische Prozeß der wissenschaftlichen Entdeckungen wird genauso nachempfunden wie die sich vor uns ausbreitende dialektische Einheit der Welt in ihrer Vielfalt, die Materie in ihrer Existenzform in Raum und Zeit.

Das Buch ist an mehreren Stellen von belebenden Episoden und Aperçus durchwachsen, was der Leser mit Dankbarkeit aufnimmt: der Tanz eines Mädchens im Auf und Ab der Brandung des Stillen Ozeans, in vollkommener Harmonie mit sich selbst und der Natur; *Niels Bohr* als einer der bekanntesten Fußballspieler Kopenhagens vor seiner großen Entdeckung, die einzelnen Etappen auf dem achtfachen Weg der kosmischen Entwicklung, die Weiten des Weltalls ... Einige Flüchtigkeiten konnten sich dabei einschleichen, so beispielsweise, daß auf S. 46 vor 2 Millionen Jahren noch kein Mensch auf der Erde gewesen wäre, aber auf S. 281 der Mensch schon seit 3,5 Millionen Jahren die Erde bevölkert (vielleicht Lucy ?). Ist es nicht besser, auf S. 243 von einem „geographischen" als von einem, „geologischen" Prinzip zu reden, da doch die Geologie auf jeden Fall eine dritte Dimension impliziert. Das auf S. 333 als menschliche Eigenschaft dargestellte „Sezieren" des Kosmos ist wohl mehr eine abendländische Eigenschaft, allerdings mit dem unvergleichlichen Vorteil, seit mehr als 2000 Jahren damit die Natur immer besser verstanden zu haben, aber auch mit dem Nachteil, bei Ganzheitsbetrachtungen auf Schwierigkeiten zu stoßen.

Das Buch ist im Januar 1983 geschrieben worden, ein hochaktuelles Buch, und schon erreichte uns Ende Mai 1983 die Kunde aus CERN, daß die so lange gesuchten W^+-, W- und Z°-Eichbosonen nachgewiesen werden konnten. Es ist wieder eine neue Aufforderung an den Wissenschaftler und Autor *H. Fritzsch,* auch diese Bausteine im Gedankengebäude der modernen Elementarteilchen- und Hochenergiephysik uns verständlich zu machen: Wir können sicher sein, daß ihm dies in bester Art gelingen wird.

H. Hübner

Otto Hahn/Lise Meitner
Biographien hervorragender Naturwissenschaftler, Techniker und Mediziner, Band 64

W. Stolz. Leipzig: B. G. Teubner Verlagsgesellschaft 1983. 97 S., 20 Abb.; karton. M 4,80; Ausland M 6,80

Das sehr preiswerte Büchlein erscheint in der Reihe „Biographien hervorragender Wissenschaftler" des Teubner-Verlages in der bereits im Band 29 U, *Sklodowska-Curie,* die Pionierin der Radioaktivität, gewürdigt wurde. Obwohl das Schrifttum über die Entdeckung der Kernspaltung und die Persönlichkeiten *Hahn/Meitner* sehr zahlreich ist, gehören beide Namen selbstverständlich in diese Buchreihe.

Das Buch ist in folgende Abschnitte gegliedert: Radioaktivität, Studienjahre und erste wissenschaftliche Erfolge, als Frau in den Naturwissenschaften, die Arbeitsgemeinschaft *Hahn—Meitner,* die Entdeckung der Kernspaltung, im Exil, Kriegsjahre, Hiroshima und Nagasaki, nach dem zweiten Weltkrieg, gegen Mißbrauch der Kernenergie, Ehrungen und Auszeichnungen. Mit einem Ausblick und einer nützlichen chronologischen Zusammenstellung wird das Ganze abgeschlossen. Das Büchlein liest sich recht gut. Es bringt auch einige Sachverhalte und Bilder, die bisher nicht oder weniger bekannt waren, wie z.B. die Teilnahme am Radiumkongreß 1921 in Freiberg, das Gespräch *Hahn—Steenbeck* und *Hahns* Aufenthalt in Joachimsthal, ČSSR. Weiterhin fällt angenehm auf, daß auch *Fritz Straßmann* — der oft vergessen wird — hier angemessen gewürdigt wird. Erst die genauen analytischen Arbeiten machten die Identifikation der Spaltprodukte möglich. Insgesamt gesehen ein sehr preiswertes bescheidenes Büchlein das allen Naturwissenschaftlern, Studenten, Oberschülern sowie allen wissenschaftsgeschichtlich Interessierten empfohlen werden kann. Schade, daß die Qualität des Papiers und damit auch der Reproduktion einige Wünsche offen läßt.

H. Koch

Zyklus Wissenschaft—Technik—Produktion
Wissenschaftstheoretische Studie zur Wechselwirkung von wissenschaftlicher und technischer Revolution im 20. Jahrhundert

Autorenkollektiv unter Leitung von E. Albrecht. Berlin: VEB Deutscher Verlag der Wissenschaften 1982. 229 S., 15 Abb., 40 Tab., 406 Lit.; M 10,60

Die Monographie ist Bestandteil der internationalen Reihe „Sozialismus-Erfahrungen, Probleme und Perspektiven" und behandelt einen sehr wesentlichen Aspekt unseres gesellschaftlichen Lebens, die wissenschaftlich-technische Revolution, ihre Merkmale und soziale Triebkräfte. Die Autoren versuchen auf der Grundlage theoretischer Analysen in einigen Fallstudien eine Antwort auf die Frage zu geben, über welche Phasen und Etappen der neue Erkenntnishorizont, der durch wissenschaftliche Revolutionen mit ihren neuen Entdeckungen eröffnet wird, technisch und sozialökonomisch wirksam wird. Sie entwickeln und begründen den Begriff eines Zyklus Wissenschaft—Technik—Produktion, welcher die Herausbildung einer neuen Theorie, die Aufdeckung neuer Gesetzmäßigkeiten und Phänomene der objektiven Realität sowie deren nachfolgende stufenweise techniche, technologische und volkswirtschaftliche Ausschöpfung umfaßt. Die Monographie gliedert sich in fünf Kapitel. Ausgehend von der Betrachtung sozialökonomischer Triebkräfte in der kapitalistischen und der sozialistischen Gesellschaft, analysieren die Autoren den genannten Zyklus unter den Bedingungen der wissenschaftlich-technischen Revolution an Hand von zwei Fallstudien: der Entwicklung synthetischer Fasern und der Entwicklung elektronischer Bauelemente. Die Monographie schließt mit dem Kapitel „Forschungsprogramme und wissenschaftliche Kollektive im Zyklus Wissenschaft—Technik—Produktion", in welchem der Begriff des Forschungsprogramms in seinem konvergenten und divergenten Sinne am Beispiel konkreter Forschungsvorhaben der naturwissenschaftlichen Forschung abgeleitet wird. Unter konvergenter Forschung verstehen die Autoren eine Projektforschung, welche auf die Bewältigung komplexer wissenschaftlich-technischer Problemstellungen ausgerichtet ist und aus exakt umrissenen gesellschaftlichen Erfordernissen abgeleitet wird. Die divergente Forschung bringt dagegen die Interessenorientierung bedeutender Wissenschaftler und ihrer wissenschaftlichen Schulen bei der Lösung fundamentaler Probleme zum Ausdruck. Nach Ansicht der Autoren bilden wissenschaftliche Revolutionen einerseits den Ausgangspunkt für die Herausbildung neuer Disziplinen und Theorien, andererseits aber liefern sie die theoretischen Voraussetzungen für die Entwicklung einer neuen Klasse von technischen Anwendungsmöglichkeiten. Besonders wertvoll erscheinen die Argumentationen zur Frage der politischen Determiniertheit des wissenschaftlich-technischen Fortschritts, die Ausarbeitung unterschiedlicher politischer und sozialer Motivation bei den sich antagonistisch gegenüberstehenden sozialen Systemen. Die Autoren weisen in diesem Zusammenhang auf die Gefahren der Fehleinschätzung des Entwicklungstempos von Wissenschaft und Technik hin und schlußfolgern: „Eine Unterschätzung des Tempos des wissenschaftlich-technischen Fortschritts führt dazu, daß sich das wirtschaftliche Wachstum verringert. Bei einer Überschätzung des Entwicklungstempos wird außer acht gelassen, daß grundlegende qualitative Veränderungen der Produktivkräfte nur im Ergebnis einer langfristigen Strategie verwirklicht werden können". In dem vorgeschlagenen Modell des vollständigen Zyklus Wissenschaft—Technik—Produktion unterscheiden die Autoren vier charakteristische Phasen: Theorienentwicklung, technische Realisierung, Ökonomisierung und industrielle Ausdehnung. In der Analyse der Fallstudie werden die charakteristischen Eigenschaften dieser vier Phasen ausgearbeitet.

Das logisch aufgebaute, auf einem hohen theoretischen Niveau zusammengestellte Material der Monographie zeigt die Triebkräfte, die Voraussetzungen und die Phasen, unter welchen sich die radikalen Veränderungen, die sog. Basisinnovationen in der Volkswirtschaft vollziehen und hilft somit praktisch den mit der Planung und Leitung der Forschung Beschäftigten bei der Lösung ihrer Probleme.

L. Jankowski

Radioimmunoassay and Related Procedures in Medicine 1982 Proc. of a Symp. Vienna 21—25 June 1982

Vienna: IAEA 1982. 825 S., div. Abb. u. Tab. (Proc. Series STI/PUB/625); karton. OeS 1350,—

Die Beiträge sind meist in Englisch, 6 davon in Französisch und 2 in Spanisch abgefaßt.

Vorliegender Symposiumsbericht ist der vierte seiner Art seit 1969. Die IAEA Wien organisierte in Wien 1969, in Istanbul 1973 und in Berlin (West) 1977 bereits drei solcher Symposien und gab die entsprechenden Berichte in gleicher Form heraus. Durch den vorliegenden vierten Bericht erfährt das Gebiet der radiometrischen In-vitro-Methoden, insbesondere des Radioimmunoassay, angewendet auf medizinische Fragen, eine gewisse Abrundung. Die ersten Bände enthielten Grundsätzliches zur Methode, zu den Komponenten (Tracer, Antiseren) sowie zur Analytik bestimmter Hormongruppen. Später kamen Themenkomplexe wie Automatisierung und mathematische Behandlung von Meßergebnissen hinzu.

Das vor fast einem viertel Jahrhundert von *Berson* und *Yalow* (USA) und von *Ekins* (England) inaugurierte Gebiet der Sättigungsanalyse hat nach Abschluß seiner ersten Entwicklungsphase und nach einer Periode, in der man vorwiegend auf die praktische Anwendung orientierte, in letzter Zeit neue Impulse erhalten, nämlich durch die Präparation monoklonaler Antikörper, durch Fortschritte in der Markierungstechnik sowie durch Entwicklung neuer Trennmethoden auf Festphasengrundlage. Hierüber sind in vorliegendem Band Originalarbeiten sowie Übersichtsartikel enthalten.

Letztere — 9 insgesamt — stellen eine wesentliche Bereicherung des Symposiums dar. Von bekannten Autoren verfaßt, findet der Leser Beurteilung und Wichtung so bedeutender Teilgebiete, wie die Bestimmung freier Hormone (*R. Ekins*), Strategie und Organisation des „Quality Control" (*S. Schwarz*) sowie EDV und Qualitätskontrolle (*R. P. C. Rodgers*).

Methoden der Herstellung und Reinigung iodierter Tracer sind Gegenstand eines sehr kurzgefaßten Artikels, der Details oder zumindest eine ausführliche Literaturübersicht vermissen läßt.

W. M. Hunter gibt einen Überblick über neuere Entwicklungen auf dem Gebiet Radioimmunoassay und über Grenzen der Methode. Unter den entwickelten bzw. noch in Entwicklung stehenden Konkurrenzverfahren mißt er dem laserangeregten Fluoreszenzverfahren Bedeutung bei, während er dem Enzymimmunoassay bemerksenwerterweise keine Chance einräumt.

Konkurrenzmethoden oder, genauer gesagt, Nicht-Radionuklid-Markierungen sind auch Gegenstand eines kurzen Beitrages zum Abschnitt Alternativen zum Radioimmunoassay. Einige Originalarbeiten belegen, daß z.B. Lumineszenzverfahren Resultate liefern, die denen des RIA vergleichbar sind.

Die Vorträge sind — in 9 Sektionen unterteilt — bestimmten Teilthemen zugeordnet: Reagenzien; Trennmethoden; Bestimmung freier Hormone; Assays für biologische Substanzen und für Drogen; Datenverarbeitung; Automatisierung; Qualitätskontrolle; klinische Anwendung sowie alternative Methoden.

Mit dieser Einteilung wie auch mit der Wahl der Übersichtsvorträge sind Schwerpunkte gesetzt:

- Verbesserung der Methodik in bezug auf erhöhte Empfindlichkeit und Zuverlässigkeit (Bestimmung freier Hormone),
- Vereinfachung der Verfahren, besonders auch in Hinblick auf stärkere Anwendung in Entwicklungsländern sowie das
- „External Quality Control", um eine Vergleichbarkeit von Ergebnissen verschiedener Laboratorien zu ermöglichen.

Der vorliegende Band enthält zwar keine herausragenden neuen Ergebnisse, dennoch findet der Leser einige besonders in methodischer Hinsicht interessante Publikationen, die unter Begriffen wie Festphasenassay, Quality Control und klinische Anwendung einzuordnen sind.

G. Vormum

ISOTOPENPRAXIS

Volume 20 1984 Number 4

Contents

Inhalt

Isotopenpraxis is indexed in Current Contents/PC&ES, Science Citation Index, and INIS Atomindex